JN258619

世界は神秘に満ちている

だが社会は欺瞞に満ちている

革島 定雄

東京図書出版

世界は神秘に満ちている◇目次

1 はじめに

われわれはどこから来てどこへいくのか？
私たちは死んだらどうなるのか？
自分はなぜ今ここにいるのか？
人間存在の意味は何か？
パスカルはこういう質問に対する答えを求めて思索を続けた。
一方デカルトはこういった質問に無関心であった。
しかしスピノザやニュートンはこういう質問に対する答えを知っていた。
つまり汎神論である。

世界は神秘に満ちています。近代はこの当たり前のことを否定してきました。それはなぜでしょうか？　その理由は一部の偏狭な宗教にあります。ジョルダーノ・ブルーノが処刑され、ガリレオ・ガリレイが有罪とされたのは、その偏狭な宗教によるのです。自分たちの神以外の神は一切否定するという排他的な一神教の教義のもとに、他の一神教徒は勿論のこと多神教徒や自然崇拝の汎神論者などもすべて異教徒とみなして蹂躙している一団があります。彼らの戦略は、まずはキリスト教を乗っ取り、つぎに啓蒙思想のかたちで理神論を拡散させて、多神教、アニミズムや汎神論などは迷信に過ぎないと洗脳することにより、他民族すべてを無宗教化させてしまおうというものです。

今、私たちが学校で教わり、マスコミで報道され、学界で正しいとされていることの多くが、実はプロパガンダに過ぎないことに気づいてください。そうすれば、前記の質問に対する答えが自ずと明らかになってきます。真実に目覚める方法、それはとても簡単です。つまり、この世界が神秘に満ちていることに気づきさえすればよいのです。まずあなた自身の存在が神秘そのものなのです。さらにはこの自己という神秘を生み出し育んでくれた親、ご先祖、社会、国家そして大自然、宇宙すべてが神秘なのです。物理学や数学が世界を覆う神秘のベールをはがしつつあるなどというのは、全くのでたらめに過ぎません。神秘のベールをはがして真実を見つけるどころか、熱力学の第二法則、ダーウィニズム、無限集合論、相対性理論、フロイト心理学、マルキシズムそしてニーチェイズムのような、紛《まが》い物の理論を真理と偽っているのです。そのようなプロパガンダで人々を洗脳している勢力とは、「この世界に神はおらず自分たちこそが神の代理人である」と勝手に考えている国際金融勢力の人たちです。近代以後彼らは、人々に「この世界こそ神である」という真理に気づかれないように、金の力で世界の報道、政治、学界そして教育や娯楽までもコントロールしてきました。そして真実に気づいた人々がそれを指摘したりすると、その指摘を「陰謀論」のレッテルを貼ったり、ヘイトスピーチであると決めつけたりして葬り去ろうとするのです。しかし幸いなことに、近年のインターネットの普及に伴う情報革命によって、彼らの鉄壁の情報操作にも少しずつ綻びが生じ始めています。

2 この世界は汎神論の世界だった

理神論か汎神論かという問題は、実は世界観の問題つまり哲学の問題であり、従って科学においても重要な問題です。理神論とは「この世界に神はいない」とする立場のことです。つまりこの世界が創造主による被造物であるとする有神論も、この世界は偶然の産物に過ぎないとする無神論（唯物論）も、ともに「この世界に神はいない」とみなすわけですから、どちらも理神論なのです。自然哲学つまり自然科学が、その成り立ちの頃からずっと理神論であったわけではありませんでした。ニコラウス・コペルニクス（1473－1543）、ジョルダーノ・ブルーノ（1548－1600）、ガリレオ・ガリレイ（1564－1642）、ヨハネス・ケプラー（1571－1630）、ブレーズ・パスカル（1623－1662）そしてアイザック・ニュートン（1643－1727）等はすべて、「この世界における神の存在」を信じて疑うことはなかったのです。彼らの時代の科学哲学者としてはただ一人ルネ・デカルト（1596－1650）のみが理神論つまり機械論的世界を主張したのです。ヨーロッパでは17世紀後半から18世紀にかけて理神論が啓蒙思想というかたちで広く行きわたりましたが、それ以後は自然科学者が理神論の立場に立つのは当然であるといった風潮がずっと続いています。

ところでニュートンが神の感覚中枢とみなした絶対空間を最初に批判したのはイギリス（アイルランド）のジョージ・バークリー主教（１６８５－１７５３）でした。バークリーは、「自分には運動は相対的なものしか考えられない」とし、「それによって、現実の空間が神であるか、神のほかに永劫にして無限、不可分かつ恒常不変ななにものかが存在するかというディレンマを逃れることができる」としたのです。つまり有神論者の彼は、絶対空間の存在が汎神論に繋《つな》がって有神論を脅《おびや》かすことになるのを恐れたのです。しかし大数学者であったレオンハルト・オイラー（１７０７－１７８３）は、ニュートン力学は絶対空間、絶対時間を前提としなければ決して成り立たないと主張しました。一方ゴットフリート・ライプニッツ（１６４６－１７１６）は、重力を遠隔作用として物質の本性に帰せしめたのは隠在的《オカルト》原因の導入であるとして、デカルトの渦動仮説という機械論的《メカニカル》な説明に対する優位を主張するニュートンを批判しました。ところで、現代の物理学者の大部分は理神論に固執しており、ニュートン力学を全否定するわけではないものの、絶対空間や（万有引力という）遠隔作用の存在については、特殊相対性理論と一般相対性理論によって完全に否定されているとみなしています。実際、現在相対論批判を試みる科学者は、魔女狩りさながらのやり方で学界から締め出されるか、研究費をストップされて息の根を止められるのがおちでしょう。

私が小学校六年生の時に悩んだ問題があります。その頃中学受験のために小さな塾に毎日曜日に通っていましたが、そこで出された問題に「月は自転しているか」というものがありました。月はいつも地球に同じ面、つまり「うさぎの餅つきの面」を向けていることを知っていましたので、私は確信を持って月は自転していないと答えました。ところがなんと、月は一公転で一自転しているというのです。月は地球の周りを公転しているだけではなく、絶対空間に対して約一月に一回転という自転の回転モーメントを持っているからです。私は以前に、スピードスケートの選手はリンクの周回しかしないが、フィギュアスケートの選手は周回以外にも2回転や3回転などのジャンプやスピンもするということを引き合いに出して、月はスピンつまり自転はしていないと拙著『素人だからこそ解る「相対論」の間違い「集合論」の間違い』の補記に書いてしまいましたが、これは完全に間違いでした。お詫びして訂正いたします。

ニュートンは、「ニュートンのバケツ」により絶対空間に対する回転運動で生じる遠心力を示すことによって、絶対空間の存在を証明したのでした。ところで一般相対性理論を説明する思考実験に、「もし太陽が突然消滅したら地球はどうなる？」というのがあります。正解は「約8分後に、地球は突然に公転軌道の接線方向に直進するようになる」であるそうです。そしてこの時地球は自転を続け、月もまた地球の周りの公転を続けることになります。では「そのすぐ後に地球も突然消滅したら月はどうなる？」と聞かれたらどう答えますか？　もちろん「約

1秒後に月は公転軌道の接線方向に直進するようになる」と答えればいいわけです。ではその時月は自転しているでしょうか？　ニュートン力学の絶対空間を前提にすれば、月は約27日に一回の周期で自転を続けることになります。

さてこの思考実験でもう一つ考察しておきたいのは、重力は瞬時に伝わるのかそれとも光の速さでしか伝わらないのかという点です。ニュートン力学においては、重力は瞬時に伝わる遠隔作用であると考えますので、太陽が瞬時に消滅するというあり得ないことがでもし仮に起こったとするならば、その瞬間に地球は直進しはじめるだろうと予測します。ハレー彗星の軌道は正確な楕円軌道ですが、太陽に近い時と遠い時とで太陽による引力の伝達時間が異なるならばそのような軌道を描くことは不可能と考えられます。筆者の友人で京都大学名誉教授の肩書をもつある理論物理学者にそのことを言ったところ、彼は「一般相対性理論によれば、太陽の存在によって重力場が形成されており、それによってハレー彗星の軌道はすでに決まっている」と説明してくれました。そこで「では連星の場合、つまり共通重心の周りを互いに同期して楕円軌道を描いている連星の場合もそれで説明できますか？」と尋ねたところ、答えはありませんでした。

さて、西田幾多郎《きたろう》著『善の研究』の中に次のような記述があります。

意識を離れて世界ありという考より見れば、万物は個々独立に存在するものということができるかも知らぬが、意識現象が唯一の実在であるという考より見れば、宇宙万象の根柢には唯一の統一力あり、万物は同一の実在の発現したものといわねばならぬ。

西田先生の言うこの「唯一の実在」こそ、〝サムシング・グレート〟であり〝汎神論の神〟であるわけです。また有神論と汎神論の違いについて、同書には次のように書かれています。

神は宇宙の外に超越せる者であって、外より世界を支配し人に対しても外から働くように考えることもでき、または神は内在的であって、人は神の一部であり神は内より人に働くと考えることもできる。前者はいわゆる有神論theismの考であって、後者はいわゆる汎神論pantheismの考である。

わたしたちの自然環境つまり地球上での諸現象を支配しているのは、太陽光を除けば主に重力であって電磁力ではありません。例えば潮汐力の源《みなもと》は重力です。また太陽光そのものは電磁波ですがその源は核融合で引き出された核力でしょう。そして衛星や惑星そして恒星を形成しているのは電磁力かもしれませんが、それら天体の運行を支配しているのは重力であって電磁力ではありません。銀河の形成ももちろん重力によっているわけであり、その際に重要なのがダークマターです。というのは銀河を構成する物質の大部分はダークマターであり、一つの銀河には観測可能な通常物質でできた星々をすっぽり包み込む形で、その5倍余りの質量のダークマターが存在するらしいのです。そもそもダークマターの存在が疑われたのは銀河縁の恒星の速度が、ニュートン力学の万有引力の法則に合致しなかった為だったわけです。さて、これらの事実から言えるのは、この宇宙の精緻な大規模構造を作っている力は電磁力ではなく重力であるということです。その後さらに明らかになったのは、この宇宙に存在する全エネルギーの内70％がダークエネルギーで通常物質は４％でしかないということでした。つまりこの宇宙の全エネルギーの96％をダークエネルギーとダークマターが占めているというのです。しかし現代物理学が明らかにしているのは、基本的には通常物質についての相互作用だけなのです。ダークマターについてはニュートン力学が正しいと仮定するとそういう存在が無ければならないということであり、ダークエネルギーについては宇宙の加速膨張が正しいと仮定すればそういうエネルギーが存在しなければならないということなのです。ここでダーク（暗黒）という言葉は「目に見えない」という意味で使われていますが、オカルトという言葉も「目で見たり触れて感じたりすることができない」ということを意味するわけですから、ダークマター、ダークエネルギーはオカルトマター、オカルトエネルギーと言い換えてもまったく差し支えないわけです。つまりこの宇宙の96％はオカルトなのです。宇宙における全存在のたかだか5％を占めるに過ぎない通常物質についての知識でもって、「自然科学的な見地からは死後の世界は存在しない」と言い切ることなどまったく不適切であるわけです。そういう態度は、一種の宗教それも邪宗にすぎない「理神論教」つまり一神教（有神論）あるいは無宗教（無神論）の信徒であるとの表明に他ならないとも言えます。精神の存在が科学的に証明できるものではないのと同様に、死後の魂の存在または非存在も検証不可能なのです。そこでパスカルは賭《か》けの話を持ち出したのでした。また『善の研究』から引用します。

神とはこの宇宙の根本をいうのである。（中略）余は神を宇宙の外に超越せる造物者とは見ずして、直《ただち》にこの実在の根柢と考えるのである。（中略）

ニュートンやケプレルが天体運行の整斉を見て敬虔の念に打たれたというように我々は自然の現象を研究すればする程、その背後に一つの統一力が支配しているのを知ることができる。学問の進歩とはかくの如き知識の統一をいうにすぎないのである。（中略）自然と精神とは全然没交渉の者ではない、彼此《ひし》密接の関係がある。我々はこの二者の統一を考えずには居られない、即ちこの二者の根柢に更に大なる唯一の統一力がなければならぬ。哲学も科学も皆この統一を認めない者はないのである。而《しか》してこの統一が即ち神である。（中略）物理学者のいうような、すべて我々の個人の性を除去したる純物質という如き者は最も具体的事実に遠ざかりたる抽象的概念である。具体的事実に近づけば近づくほど個人的となる。（中略）最も根本的なる説明は必ず自己に還ってくる。宇宙を説明する秘鑰《ひやく》（引用者注：秘密の鍵）はこの自己にあるのである。物体に由りて精神を説明しようとするのはその本末を顛倒《てんとう》した者といわねばならぬ。（中略）元来精神と自然と二種の実在があるのではない、この二者の区別は同一実在の見方の相違より起るのである。

ここで西田先生が言明されているのは、ご自身が汎神論者であるということだけではなく、ニュートンやケプラーも汎神論者であったということです。それどころか、コペルニクス、ブルーノ、ガリレイも汎神論者であり、さらにパスカルも汎神論者であったと言って良いでしょう。ブルーノやガリレイが異端審問で有罪とされたのは彼らの汎神論的宇宙観が、一神教（有神論）の教えである『旧約聖書』の記述と矛盾したためでした。デカルトの物心二元論つまり理神論は『旧約聖書』の記述と矛盾しなかったので、その後理神論が啓蒙思想という形で拡がっていったのです。その後ダーウィニズム、熱力学の第二法則そして相対性理論という誤った理論によって、理神論は強化されてきました。しかし、精神を出発点におきながら、物体によって精神を説明できると考えるのはまさに本末転倒なのです。

現代科学は、これまで述べてきたようにデカルトの二元論を出発点としています。これは物質世界と精神世界が全く別の存在であると考える物心二元論の思想であり、さらには創造主（神）と被造物（宇宙）を分離する聖俗二元論の思想でもあります。デカルトは「我思う、ゆえに我あり」と述べて自分の思惟つまり精神を出発点におきましたが、物心二元論はやがて西田先生が指摘されたように本末転倒を起こして、物質の働きが精神を生みだすとみなすようになっていったのです。デカルトは、ヒト以外の生き物に精神はなく動物は単なる自動機械に過ぎないとみなしていました。有神論においては「被造物の世界つまりこの世に神はいない」となり、ついには「この世界が偶然の産物であるならば、そもそも神は必要ない」ということで、無神論になります。いずれにせよ「現代の科学者が関わるのはこの宇宙の中のことだけであり、宗教家が崇《あが》める神は宇宙の外に超越した存在である」ということになって、両者は全く接点を欠くことになります。そこで、この世界において物か心かどちらがより根源的であるかということで、唯物論と唯心論（観念論）が論争することはあったものの、一神教（有神論）と無神論（唯物論）はともに「この世界に神はいない」とする理神論ですので、世界観においてこの両者に違いは無く、従って争う必要などなかったのです。一神教が徹底的に弾圧したのは、真の無神論である唯物論ではなく、自然の中に神をみるアニミズムや「神即《すなわち》自然」とする汎神論でした。彼らは汎神論を無神論と呼んで弾圧を加えたのです。『善の研究』よりさらに引用します。

神は宇宙の統一者であり宇宙は神の表現である。この比較は単に比喩ではなくして事実である。神は我々の意識の最大最終の統一者である、否、我々の意識は神の意識の一部であって、その統一は神の統一より来るのである。小は我々の一喜一憂より大は日月星辰（引用者注：太陽と月と星）の運行に至るまで皆この統一に由らぬものはない。ニュートンやケプレルもこの偉大なる宇宙的意識の統一に打たれたのである。

西田先生のこの言葉が正しければ、つまり我々の意識が神の意識の一部であるならば、現世つまり通常物質世界において一時的に纏《まと》っているに過ぎないこの空蟬《うつせみ》の身体を脱いだからといって、統一者である神の一部としての我々の意識が宇宙から消滅するはずがないわけです。

さて、あなたは「人工知能の研究がすすめば、ロボットだって魂を持つかもしれない」と思っていますか？　そこでまず、無生物も意識を持つか否かということをみてみましょう。フランスの物理学者B・デスパーニアによると、量子力学の観点からは「すべては覚知をもっている（all is aware）」とみなすことも可能であり、さらには、「（ベルの定理で示される）分離不可能性ということから、個別的な意識がそこからの単なる発散物にすぎないような、宇宙的な意識という概念を選択するよう促されることになる」ということです（デスパーニア著『現代物理学にとって実在とは何か』）。このように量子力学から導かれる世界像はまさに汎神論の世界なのです。しかしここでいう覚知や意識は、人工知能が目指しているところの知能とは別のものです。人工知能は膨大なデータを記憶し、また高速で論理演算することによって短時間で最適解を求め、それによって人間の行動を補助し代行するといったものでしょう。しかしプログラマーが与えるアルゴリズムに従って動作するに過ぎない人工知能が、我々が持っているような真の自己意識を獲得することはありません。ディープラーニングのような方法を用いてしかるべきデータを獲得させておき、あたかも自己意識を持つかのように装《よそお》わせることは可能かもしれませんが、デカルトが「コギト・エルゴ・スム（我思う、ゆえに我あり）」と述べたところのコギト（自己意識）を人工的に作り出すことは原理的に不可能です。なぜなら、例えば「我思う、ゆえに我あり」のような自己言及がアルゴリズムに紛れ込むと、必ず無限ループが生じてアルゴリズムが破綻してしまうからです。このことはクルト・ゲーデル（１９０６－１９７８）の「不完全性定理」やアラン・チューリング（１９１２－１９５４）による「（プログラムの）停止性問題の決定不能性定理」からも推察することができます。

　最近チェス、囲碁そして将棋といった複雑なゲームにおいて、一流のプロがコンピュータに負けてしまう、あるいは負けるのではないかという事態が持ちあがり、大きな波紋を呼んでいます。我が国においても「将来、多くの人がＡＩ《エーアイ》（人工知能）に職を奪われて失職することになる」と予測する人もあります。果たして本当にそうなるのでしょうか？　確かに、自動で振り込め詐欺の電話をかけるロボットといったような犯罪目的のＡＩの出現には十分な警戒が必要でしょうが、自己意識つまり主体性を持てないＡＩに任せられる仕事には限りがあります。「将来、診断はすべてＡＩがしてくれるようになり、医師は失業して看護師が医療の中心的担い手になる」と主張する人もいるようですが、医師の主な役割は診断だけではありません。ＡＩ診断には患者のみならず当の医師も期待しています。しかし正しい診断がついた後も医師の仕事は続きます。それは、患者自身の意思決定に主体的に関わって、共感を持って援助し励まし慰めるといった仕事です。医療に限らず、日本では、仕事とは単なる労働力や知識の切り売りなのではありません。日本人にとって仕事とは、全社員が協力して良いものを作りたい、お客様に喜んでもらえるおもてなしをしたい、ひいては地域や国家そして世界に貢献したいといった動機に基づくものであり、また消費者が望むのも「そういった動機から生み出される何ものか」なのです。従って、将来AIが仕事の質の向上に寄与することは大いにあり得ますが、AIが労働者の雇用を奪ってしまうのではないかというのはおそらく杞憂《きゆう》でしょう。先の『善の研究』の引用にもあるように、西田先生も「我々の意識は神の意識の一部であって、その統一は神の統一より来るのである」と見ておられます。そして意識や精神と呼ばれるものを脳やコンピュータといった物体の働きで説明しようとするのが本末転倒であるように、人工知能に意識を持たせることは不可能なのです。結局、人工知能に持たすことができる能力は知識（つまり情報蓄積や情報処理の能力）および論理演算能力だけであり、情緒や意思そして意欲を持った本物の〝意識〟を人工的に作り出すことなどできないのです。

今や宇宙マイクロ波背景放射（CMB）静止座標系という形で絶対空間が観測されており、その静止系における時間の方向すなわち宇宙膨張の方向として絶対時間の矢も決められるのです。絶対空間そのものは観測できない、つまりオカルトであるのだけれども、そこに充満する（現在約2・7Kの）宇宙マイクロ波背景放射が観測できるので絶対空間が決められるのです。また重力が遠隔作用でなければ天体運行の説明がつかず、量子力学の領域においても〝量子もつれ〟という遠隔作用の存在が証明されています。絶対空間と遠隔作用の存在こそ、この世界が汎神論的世界であること、つまり「神即自然」であることの証《あかし》なのです。二元論の科学（つまり理神論の科学）は、ピエール＝シモン・ラプラス（１７４９－１８２７）が「ある瞬間に宇宙に働くすべての力と、すべての物の位置が分かり、そのデータを分析し尽くし、最大の天体から最小の原子にいたるまでの運動をすべて一つの式で書き表すことができる知性があったとすれば、その知性にとって不確実なものは何一つなく、未来は過去と同じように知られるだろう」と述べたように、この世界は決定論的世界であって自由意志の入る余地はないとみなします。しかし、遠くの天体は遠い過去の位置しか観測しえず、また不確定性原理のために原子の位置と運動も正確には知り得ないのですから、ある瞬間の宇宙のすべての天体と最小の原子の位置や運動を正確に知ることなど、絶対空間という感覚中枢をもった汎神論の神にしかできないのであり、決定論的世界像、機械論的世界像は完全に否定されているのです。そのうえ先にも述べたように、現代物理学がその詳細を明らかにできているのは、宇宙における全存在のわずか５％足らずを占める通常物質についてだけなのです。したがって自然科学が死後の世界を否定することなど決してできません。ところで「パスカルの賭け」の話をご存じですか。それは「神様や死後の世界の存在を信じる方に賭けて利他的な人生を過ごすなら、賭けに勝てば永遠の幸福を得るし、負けても失うものは何もない。それに対して、それらの存在を信じない方に賭けて利己的な人生を送るならば、賭けに負けたら永遠の苦しみを得るし、勝っても何の利得もない。迷うことはない、信じる方に賭けなさい」というものです。この話に論理的に反論することは不可能です。おそらくこのパスカルの賭けを小説にしたのがチャールズ・ディケンズ（1812－1870）の『クリスマス・キャロル』であろう、と私は思っています。この小説を読むとよくわかりますが、これはユダヤ主義者に対する脅しではなく、惻隠《そくいん》の情に発する彼らへの忠告です。つまり、「今からでも遅くはありません、人々の幸せに手を貸すこと、奉仕、慈悲、忍耐、博愛――を仕事にしてごらんなさい。そうすると愛に満ちた素敵な人生が手に入ります。そのうえ死後には永遠の幸福が待っているのです。失うものは何もありません」というメッセージなのです。

3　世界史はユダヤ史である

元駐ウクライナ大使の馬渕睦夫氏は日下公人氏との共著『ようやく「日本の世紀」がやってきた』で「**言ってみれば、結局、世界史はなにかというとユダヤ史なんです**」と断言しています。これは本当なのでしょうか？　そこでユダヤ史を、この本を含むいくつかの成書からかいつまんでみることによって検証してみましょう。まず、大東亜戦争開戦前の昭和16年7月に初版が発行された、当時陸軍中将であった四王天延孝《しおうてんのぶたか》による『猶太（ユダヤ）思想及運動』から引用します。

猶太《ユダヤ》人は今年を以て五千七百〇一年を唱へ居る位古き歳史を誇つて居るけれども、それは舊約時代の神話的の部分を加へてのことであつて信憑するには困難である。（中略）

ユダヤ民族發生の場所はアラビヤ沙漠の北部にある豊饒な地方で、人種はアラビヤ人と同じセム系である。牧畜を本業とし青草を逐《お》ひ天幕を擔《にな》ふて移動した放浪民族である。

（中略）ユーフレーチス川チグリス川の流域に達した時二つに分れて、一つは流れに沿ふて下つて波斯《ペルシャ》灣沿岸に達してアモレ族と雜婚した。（中略）又反對にユーフレーチス、チグリスの流を遡つて移動したものはシリア地方に住んで居たヒッテイ族と雜婚した。此のセム族（一名ベドウイン）、アモレ族、ヒッテイ族の三つが結合して猶太民族を形づくつたので、之から漸次地中海沿岸に進出し、今日のパレスタイン地方に南下して來た、始祖アブラハムがそこへ來たのが約四千年の昔であつて彼等の種族をヘブライ人と呼ばれた。ヘブライとは彼岸の人、川向ふの人、他所の人と言ふ意味で何處迄も他人扱ひにされた。其後埃及《エジプト》、バビロニヤ卽ち彼斯地方などに殆ど全民族の捕虜扱ひ的大移動が行はれてゐる。モーセと云ふ教祖が埃及から脱出して紅海の水を神の力で二つに割つて其の中を通つて助かつた神話的の歲史は今より約三千二百五十年前のことである。

以上の如く發生當初から水草を逐ふて移動し其後も屢〻《しばしば》民族の大移動を行つて來たユダヤ民族が土地に固着せず、從て國家觀念がなく國際主義《インタナショナリズム》、萬國主義《グローバリズム》を執るに至るのは自然の趨勢である、後章に述べるユダヤ運動を理解するには是非共此點から把握してかゝる必要がある。

教祖モーセ立國の後幾多の變遷を經て一度はダビデ王によりエルサレムに都を奠《さだ》め、其嗣子ソロモン王の榮華を見たが基督《キリスト》紀元前九百五十三年にイスラエル國とユダ國との分裂を見、國力の低下を來し、十二支族中のイスラエル、ユダ二支族以外の十支族は何れにか分散滅失したことになつて居る。其後キリスト紀元前五百八十六年にエルサムは陷落して七十年間バヒロンに捕虜になつて仕舞ひ歸國後も自由を失つたので屢々《しばしば》救世主が出て獨立が出來ると言ふ望みを捨てなかつた。キリストは此の如き環境に生れ救世主と仰がれたが、ユダヤ思想と違つた博愛を説き、狹い民族信仰を破らうとして終に十字架に懸けられた。キリストの後にも幾人か救世主が現はれ、殊にキリスト紀元七十年バルコチバが民族を率ゐて（引用者注：バル・コクバが率いたのは実は次の132年からの独立戦争）獨立運動を起したけれども、羅馬《ローマ》のテトス將軍の爲に散々に打ち敗られた、それでも失望せず西暦紀元百三十二年に獨立戰爭を起し、三年間死闘を續けたが又々一敗地に塗《まみ》れ、今度はパレスタインの國から全部放逐されることになり、之から世界への放浪離散《ディアスポーラ》が始まつたのである。之から以來はユダヤ人が武力戰を以て復興を圖ることは全く跡《あと》を絶ち、他の方法を以て民族の目的を達成せんとするに至つた。

離散の方向は東に向つたものもあるけれども多くは地中海の南北兩岸を西へ西へと進み、北岸を行つたものは又歐羅巴《ヨーロッパ》奥地へと擴がつた。

米國へ渡つたのは西暦千四百九十二年コロムブスの米大陸發見と共にと言ふても善い、卽ちコロムブスはユダヤ系の人物で、同年西班牙《スペイン》と葡萄牙《ポルトガル》とが連合して全面的にユダヤ人の叩き出しを實行した時に始まるからである。
英國も十三世紀末葉頃一度びユダヤ人放逐を行つて四百年間ユダヤ人を締め出したがクロンウエルが再び彼等を復歸させ、終に今日の牢固たる基礎を築き上げさせた。
（中略）
以上猶太人移動分布の過去を顧みる時は獨乙《ドイツ》のみがユダヤ人を追出したので無いことを認めざるを得ないと共に、何故ユダヤ人が左様な憂き目を見るかに就て疑問が起るのが當然である、而《しか》して其の疑問を解くには後章述べる所のユダヤの根本思想と其の實行運動とを公平に觀察することが必要である。

（ルビの一部は引用者による）

先ほど挙げた『ようやく「日本の世紀」がやってきた』においても次のような記述があります。

馬渕　移民というのはユダヤ化のことなんです。ユダヤ人の歴史そのものが移民からはじまっています。ユダヤ人の歴史はメソポタミアにいたアブラハムがヤーベの言葉に従ってカナンの地を目指したところからはじまる。（中略）

私は別にユダヤ思想が悪いと言っているのではありません。それは日本人には合わないと言うのです。日本人どころかユダヤ人以外の誰にも合わない。

ユダヤ化といわずに、グローバル市場化とか、普遍的な価値だとか人権、民主主義、自由主義とかいって、普遍的価値を広めている。そういうユダヤ勢力がいるわけです。それは、ユダヤ以外の民族の価値を否定しているんです。そうすると、ユダヤ人は安全なんですよ。

さらに同書には日下氏による次のような古代ユダヤの歴史のまとめも載っています。

日下　（前略）

ユダヤ人は、エジプトのファラオから迫害を受けて、紀元前十三世紀ころエジプトを出て、イスラエルの土地にやってきた。それが有名な「出エジプト」。そのとき、前からいた先住民を片っ端から殺して土地を奪い取った。この行為をユダヤ人は「神が許したことだ」と言った。アメリカ建国のときと同じです。ユダヤ人はこうしてイスラエルを占領したあと、勢力を伸ばしてユダヤ人だけの王国をつくった。その古代イスラエル王国が繁栄した時代がソロモン王の時代で、ユダヤ人はこの時代を誇っている。

イスラエル王国はソロモン王の死後、北イスラエル王国とユダ王国に分裂した。その後、北イスラエル王国は紀元前八世紀ころにアッシリア帝国に征服され滅亡した。

ユダ王国のほうは紀元前六世紀ころに新バビロニア王国に征服された。このとき、ユダ王国の人々がバビロンに強制移住させられた。これが「バビロンの捕囚《ほしゅう》」。

その後、ペルシャ帝国に支配されたりしたが、最終的にはローマ帝国に支配された。ローマ帝国の支配に不満をつのらせたユダヤ人はローマに反乱（ユダヤ戦争　紀元六六年〜七四年）を起こしたが、結局はローマ軍につぶされ、エルサレム神殿は破壊された。

そして、ユダヤ人は根無し草のように散っていった。これがディアスポラの由来というわけ。ついでに言えば、このローマの支配下のユダヤ属州ナザレの民から出たのがイエス・キリスト（紀元前四年ころ〜紀元後三〇年ころ）というわけだね。

これがざっくりとした古代ユダヤの歴史です。

ここに書かれているように、ユダヤの神ヤハウェは異教徒の殺戮を許可したとされているのです。それどころか『旧約聖書』には「征服した民の男は大人も子供も皆殺しにせよ。女も処女以外は皆殺せ」とモーセが命じたことが書かれています。つまり一神教であるユダヤ教の神ヤハウェ（またはエホバ）は創造神であって、ヘブライ語という特定の言語で述べられる排他的な、ユダヤ人だけの神であったのです。そこでローマ帝国内に住むユダヤ人は、ヤハウェ以外の神や国に税金を払うことを拒否して、当時多神教国であったローマ帝国に対して何度も戦争をしかけ、結局ユダヤ人が全部負けたわけです。こういったユダヤ人の排他的で拝金主義の生き方を批判して愛の教えを説いたイエスは、彼らユダヤ人によって磔刑《たっけい》へと追い込まれてしまいました。ところで、イエス・キリストの出自については、ユースタス・マリンズがその著『真のユダヤ史』において異なる見解を表明しています。

キリストが十字架に磔刑《たっけい》（磔《はりつけ》の刑）に処されてから、イエスの救いのメッセージが何千万人という人びとを魅《ひ》きつけるようになると、ユダヤは彼らに典型的な動きを開始した。イエスの言葉に反対するのではなく、イエスそのものを乗っ取ろうとしたのだ。彼らは世界に向かって、「イエスはユダヤ人」であると主張したのである。そうなると、キリスト教徒となるには、ユダヤ人の命ずるままに何でも従うほかなくなる。

（中略）あらゆる文書記録が、イエス・キリストの身体的特徴は、ガリラヤ（引用者注：引用元のガラリヤを訂正）生まれの青い目で亜麻色《あまいろ》の髪の非ユダヤ人であったと明らかにしているにもかかわらず、何千というキリスト教聖職者が、「ユダヤ人キリストを礼拝しよう」と会衆に語りかけるのだ。

（中略）

もしもイエスがこのような善良なユダヤ人であるならば、どうしてユダヤ人はイエスを十字架にかけろと要求したのか？（中略）今日では人びとをユダヤ化する計画を遂行しているキリスト教聖職者さえいる。宗教指導者のなかには、イエス・キリストの磔刑にあらゆる面で荷担したユダヤ人の罪を許すために、聖なる枢機卿会議を開催する者たちさえいるのである。ユダヤは、この目的を達成するために何百万ドルもの金を事前に渡している。

（後略）


イエスがユダヤ人であったかなかったかは定かではないものの、ユダヤがイエスそのものを乗っ取ろうとしてきたことは間違いありません。例えば、現在ユダヤ・キリスト教と一括《ひとくく》りで語られることも多いのですが、ユダヤ教がユダヤ人のみの神であるヤハウェを唯一神とする一神教であるのに対し、イエスが〝主《しゅ》（ドミヌス）〟と呼んだ神は、イエス自身ともすべての人々とも一つである神、つまり汎神論の神だったわけですから、この二つは似ても似つかない異なった信仰なのです。実際、ユダヤ教ではイエスを救世主《キリスト》とは認めておらず、ユダヤの秘密の法典『タルムード』にはイエスに対する呪詛《じゅそ》の言葉が満ち溢《あふ》れているそうです。イエス・キリストは、ヘブライ語聖書『タナハ』に書かれた律法に拘泥《こうでい》する、パリサイ派の利己的で偏狭な律法主義を批判して、愛の教えを説いたのでした。ところがイエスに批判された当のユダヤは、『タナハ』をそのままギリシャ語に翻訳したものを『旧約聖書』と称して、まんまとキリスト教の正典の一つにしてしまったのです。従って、ユダヤ・キリスト教という表現のでっち上げおよびその拡散は、ユダヤによるイエス外《はず》しの謀略《ぼうりゃく》であろうと思われます。ちなみに新《あら》手《て》のイエス外しの謀略が現在進行しています。ポリティカル・コレクトネス（ＰＣ）を理由にして、チャールズ・ディケンズの小説『クリスマス・キャロル』によって世界中に広まった「メリー・クリスマス！」という素敵なクリスマスの挨拶言葉を禁止して、「ハッピー・ホリデーズ」などという凡庸極まりない言葉に置き換えさせようというムーブメントがそれです。小説『クリスマス・キャロル』では、主人公である金貸しのエベネーザ・スクルージの事務所にやってきた彼の新婚の甥っ子が、「メリー・クリスマス、伯父さん！」と挨拶をしてスクルージを翌日のクリスマス・パーティーに招待するのですが、スクルージはクリスマスをばかにした挙げ句「さよならだよ！」と言って甥っ子を追い払ってしまうのです。「メリー・クリスマス！」という挨拶を禁止したい連中は、恐らくこのスクルージと同じ心境なのでしょう。彼らは、できることなら愛に満ちたこの小説までも、ヘイト本として禁書にしてしまいたいに違いありません。『猶太思想及運動』よりの引用にもどります。

猶太人の言葉の根本はヘブライ語であつて全世界共通である（中略）。但し前章に述べた西班牙からのユダヤ放逐の結果和蘭《オランダ》などを經過して流れ出たユダヤ人の一派をセフワルデイと云ふが、彼等は西班牙語の訛りを交ゆることがある。

又獨逸《ドイツ》、波蘭《ポーランド》ロシア系ユダヤをアスケナジと唱へドイツ語に酷似した一種の言語イデイツシユと言ふのを用ゐて居る。全猶太人の半數は之に屬する。米國にはユダヤ人が多數居るので、此のイデイツシユ語で印刷した新聞が澤山發行されて居る。（中略）

猶太人は民族目的達成の日近けることを自覺した爲か、それ等の通用語たる變則語の通用は禁止もせず、又居住國の言語を語るのを抑へもしないが、頗る熱心に古代のヘブライ語に復歸させて言語統一をしようと努めて居るのを認められる。（後略）

『ようやく「日本の世紀」がやってきた』からも引用します。

（ルビは引用者による）

馬渕　（前略）

いわゆる普通のユダヤ人というのはセム族（セム系の言語を話す民族）のユダヤ人で「スファラディ（セファルディム）」です。スファラディとは、ディアスポラ（「撒《ま》き散らされたもの」という意味のギリシャ語に由来する）のユダヤ人の中で、主に十五世紀前後に、スペイン、ポルトガル、イタリア、トルコなどの南欧諸国に住んでいたユダヤ人の子孫で、その後、南ヨーロッパや中東、北アフリカなどのオスマン帝国の領域に移住しています。スファラディの言語は、ラディーノ語です。

今の金融関係のユダヤ人は、主として「アシュケナジム」です。アシュケナジムとは、ユダヤ系のディアスポラのうちドイツ語圏や東欧諸国などに定住した人たちやその子孫です。アシュケナジムが話すのは、ラディーノ語とは異なるイディッシュ語です。

イスラエルでは、スファラディが中東系ユダヤ人で、アシュケナジムがヨーロッパ系ユダヤ人を示します。ですから人種的に違うんです。

スファラディのユダヤ人は、日本人とも相性はいいのです。それには理由があって、大昔に、スファラディのユダヤ人が日本に来ていると考えられるからです。我々の習慣の中に、彼らの習慣が入り込んでいる。それはユダヤ人が来てビックリするわけですよ。

（中略）

馬渕　ユダヤ人の部族を研究したユダヤ人ジャーナリストのアーサー・ケストラー（一九〇五～一九八三年　ジャーナリスト、小説家、政治活動家、哲学者）という人がいます。

聖書の中では、ユダヤ人は十二部族までいるということになっていたのです。しかし、彼は『ユダヤ人とは誰か』（三交社）という本で、実は十三部族いるとして、アシュケナジムのルーツは、ユダヤ教に改宗したハザール（引用者注：同書ではカザール）人であると主張したのです。

七世紀から十世紀にかけてハザール王国というのが、カスピ海から黒海沿いにありました。そこのブラン王が、キリスト教国とイスラム教国との板挟《いたばさ》みにあって、間を取って、ユダヤ教に改宗したといわれているのです。

日下　集団で改宗したたんですよね。

馬渕　そのハザール王国が今のウクライナあたりまで進出した。それでウクライナ人にユダヤ人が多いというのは、その末裔《まつえい》ではないかと言われています。その人たちがロシア、ポーランド、ドイツまで行って、その人たちがみんなアシュケナジムと呼ばれている。

日下　彼らはパレスチナ出身ではないから、パレスチナに戻ってくる権利はないと。

馬渕　ないんですよ。

つまりスファラディはセム族で非白人ですが、アシュケナジムのユダヤ人はコーカサス地方にいたコケージャンつまり白人であってセム族ではありません。米英の金融資本家、学者、政治家、芸術家のユダヤ人は、ほとんどすべてアシュケナジムであるそうです。それにもかかわらず米英では、反ユダヤ主義をアンチユダイズムではなくアンチセミティズム（反セム主義）とあえて呼ぶことによって、ユダヤ批判の言説すべてを、あたかもセム族に対する人種差別であるかのようにすり替えて激しく非難するのです。しかしユダヤに蹂躙されてきた民には、「征服した民は殺せ」を当然視するようなユダヤの教えを批判する権利が、当然あるのです。『猶太思想及運動』よりの引用にもどります。

前章に述べたユダヤ民族の特異性中最も大きなものはユダヤの宗教である。之こそユダヤ民族の生命とも云ふべきもので、彼等が今から千八百六年前に全然亡國になつても今猶《な》ほ亡びずに雄心勃々《ゆうしんぼつぼつ》として世界制覇を企てつつあるのは全く宗教の賜である。（中略）又本書の目的たるユダヤの思想及運動も實にユダヤ教に發足すると言ふても過言ではない。

（中略）

彼等も初めは多神教であつたと思はれる。ヘブライ語の神と云ふ字は今もエロヒムと字が用ゐられ複數であるから神々と云ふことになる。然るに段々民族の統一を必要とする所から民族神ヤーヴエのみを崇拜し、之がエホバに轉訛して今日に至つて居る。そして埃及《エジプト》から教祖モーセが同族を率ゐて逃れ歸つて、シナイ山の上で雷鳴中にエホバから十戒を受け、之でユダヤ教を確立し始めたのである。（約三千二百五十年前）

人種的に云ふてユダヤ人であつてもユダヤ教を本當に捨て去つたものはユダヤ仲間ではない、尤《もっと》も特殊な事情で止むを得ず改宗したもの又は或る關係で基督教に擬裝轉向して居るものなどは基督教界に於けるユダヤの第五列《スパイ》である。

（ルビは引用者による）

ユダヤ教はヘブライ語で書かれた聖書『タナハ（トーラー、ネイビームおよびクトビーム）』とやはりヘブライ語による口伝律法をそのまま書物化した『タルムード』を正典としています。キリスト教会は、このヘブライ語聖書『タナハ』をギリシャ語やドイツ語に翻訳したものを『旧約聖書』と呼んで、イエス・キリストの使徒らによって書かれた『新約聖書』とともに正典としました。『新約聖書』にはイエスの愛の教えが書かれていますが、『タナハ』や『タルムード』には、「選民思想」に代表される、ユダヤの極めて排他的な教えが記《しる》されています。『タルムード』の内容は非ユダヤ教徒にとって到底受け入れ難いものであり、おそらくそのためにこの法典は正式には公開されていません。この法典には、ユダヤ人（つまりユダヤ教徒）だけが神が創った唯一の人間であり非ユダヤ教徒は人間ではなく家畜（ゴイム）に過ぎないと書かれているそうです。そしてユダヤ人が非ユダヤ人を殺したり騙《だま》したりするのは罪にはならないどころか、神はそれを望んでいるというのです。このユダヤの極めて利己的な教えを正当化するために、どうしても汎神論を否定する必要があったわけです。マルチン・ルター著『ユダヤ人と彼らの嘘』より引用します。

ユダヤ人達のタルムードやラビ達は次のように著述しなかっただろうか。もしユダヤ人が異教徒を殺害したとしても、殺す事は罪ではない。しかし彼がイスラエルの兄弟を殺すならそれは罪である。もし彼が異教徒に対して彼の誓約を守り続けなかったとしても罪ではない。

それ故異教徒から盗んだり、略奪したりする事は（彼等が高利貸しにおいて為すのと同様に）神聖なる仕事なのである。というのは、彼等は自分達が高貴な血筋であり、割礼を受けた神聖なる人間であり、一方我々は呪われたゴイムであるが故に、我々キリスト教徒に対し罪深くあり過ぎるという事は決してあり得ないという風に考えているのである。

そして彼等は世界の主人であり、我々は彼等の召使、そう、彼等の家畜なのである。

もしこのルターの言葉が真実であるのならば、異教徒を家畜扱いするユダヤ教こそが極めつきの差別思想であるということになるでしょう。

4 近代化とはユダヤ化のこと

オトポール事件で多くのユダヤ難民を救った功績により、樋口季一郎少将とともにユダヤ民族基金の「ゴールデン・ブック」にその名が記されている、安江仙弘《のりひろ》大佐が戦前の昭和12年に著した『猶太の人々』（復刻版では『ユダヤの人々』）から引用します。

（前略）幾多の平和戰中最も恐るべきは思想戰であらう。この思想戰にみるに、その性質の矯激《きょうげき》なると共に、その破壞力及び侵蝕力の最も强烈にして、社會人類に深刻なる影響を與へて居るものは、即ち猶太民族に根源を發する所の思想であらう。

實に猶太人は世界思想戰のオーソリチーである。

ソヴエート露西亞《ロシア》を根據とするところの、赤の思想の根源は楢太人マルクスであることは、餘りにも有名なことで、尙その實行者も同じく半猶太人であるところのレニンであり、トロツキーであり、ジユノヴイエフであり、ラデツクであり、リトヴイーノフ等《とう》である。又逆に猶太人の有名なる人々、例へば詩で有名なハイネ、獨逸帝政顚覆に活動したりしリープクネヒト、相對性原理で有名なアインスタイン等の思想をみる時、孰《いず》れも非國家的左傾思想の多分に現はれてゐることを我々は否むことが出來ない。

偖《さ》て現在世界にはその國家體系に於て、各種各樣の國があるが、世界的の隱然たる勢力を有する一つの世界國家なるものを我々は認めない譯にはいかない。これが卽ち猶太人の世界國家なるものである。そこで世界の國々を表國家とすれば、猶太の見えざる國家は裏國家である。(中略)

併《しか》しながら猶太人は、エホバの神に對する熱烈なる信仰と、强靭なるその民族的傳統力と、燃えるやうな民族愛と、年と共に愈々《いよいよ》熾烈《しれつ》なるところの故鄕聖地に對する愛著の念とによつて、その民族的結合は、その世界分散と共に、弛《ゆる》むことなく益々强固を加へ、凡《あら》ゆる迫害に抗し、日に富み、月に榮えつゝ、遂に今では見えざる世界猶太國家を形造つてしまつた。卽ち裏國家とは此の滅亡して、形の見えざる猶太の特殊國家を指したのである。

(中略)

そこで武器を持たない彼等としては、先に述べた平和戰の方式を自ら採用したのである。從って彼等は獨《ひと》り思想戰の大家である許《ばか》りでなく、經濟戰に於ては正に世界の雄であり、又宣傳に、外交に、謀略に彼等の右に出づるものはないと思ふ。

（ルビは引用者が取捨・修正）

このように、安江仙弘や四王天延孝といった当時の日本軍のすぐれたユダヤ研究家たちは、ロシア革命の本性や、思想戦、経済戦、宣伝、外交、謀略などによって世界を裏から支配しようとする、ユダヤ金権勢力の目論見を正確に見抜いていたのです。次にユースタス・マリンズ著『真のユダヤ史』より引用します。

冷酷さと残忍さ——これがユダヤ共産主義の極印《ごくいん》である。フランス革命を煽動するために、ユダヤ人銀行家たちは、街の群衆を煽《あお》りたてる煽動家たちに金を支払っていた。一方のフランス国王はといえば、何が起こりつつあるのかまったく理解ができず、ただ仰天するばかりであった。

著名なジャーナリスト、スタントン・コブレンツ〔一八九六〜一九八二〕は、著書『文明の一〇〇の危機』の一二六ページで、フランス革命では「秘密の指導勢力が活動していたように思われる」と述べている。秘密の指導勢力とはユダヤである、とまでは述べていないが、これはコブレンツがためらったか、あるいはユダヤ人編集者が原稿からその記述を削除したかのどちらかであろう。ほかの多くの学者は、「フランス革命の背後の秘密勢力とはユダヤである」と名指しで指摘しているのだから。

（中略）結果的には一九世紀を通じて、カール・マルクスそのほかのユダヤ人共産主義者は革命を煽動することはできたが、権力を握ることには成功しなかった。

ユダヤが最終的に犠牲者を見いだしたのはロシアであるが、そのときでさえユダヤは、ロシアの指導者たちが戦争での敗北によって混乱していなければ、決して勝利を収めることはできなかったであろう。（後略）

つまりフランス革命においてもまたロシア革命においても、その背後より糸を引いて運動を操っていたのは実はユダヤの秘密勢力であったわけです。次に『猶太思想及運動』より引用します。

國際主義《インタナショナリズム》思想が惡くて、國家主義《ナショナリズム》思想ばかりが善いと云ふ問題ではなく、國際主義が國家の蔭を薄くし、終には萬國主義《グローバリズム》に持つて行くかどうかが問題である。皇國の八紘一宇の大理想は必ずしも他の國家を壞滅するのでなく、各國家互に有無相通じ、各々其の特長を持ち寄つて平和に世界を構成するにあるから、萬國主義的ではない、ユダヤのは國家主義を排撃して國際主義に進むから、終に萬國主義となりユダヤの世界統一を目標として進むようになるから警戒されるのである。（中略）

猶太民族の目的は世界統一にあることは上述して來た彼等の極端なる優越觀や獨占觀や、彼等の信仰する豫言者の言を一覽すれば判ることであるが、其目的達成の方法として自ら武力を用ゐずして、金力を以てすることも周知の事である。（中略）

抑《そもそ》も彼等の拜金主義は遠く三千二百五十餘年前埃及を脱出して、教祖モーセがシナイ山の上で精神的に神の啓示を受けて居る際、別の長老アーロンと云ふのが山の麓で金の小牛を鑄造して、之を「金神」（ゴールデン、ゴツド）と稱し盛な祭りをやつた事などから一層強くなつた。

（ここまでルビは引用者による）

（中略）彼の米國のユダヤ系大銀行クーン・ロエブの御大ヤコブ・シツフが日露戰爭の際財務官高橋是清氏を通じ日本に貸した二億五千萬圓は奉納したのではなく外債として相當

の利を附けたのだが、第一ロシア革命の運動費として奇麗に投出したのは一千二百萬弗と云はれてゐる。そして前者も後者も共にロシア國内のユダヤ同胞六百萬人の解放を目ざした事も今日に於ては明かとなつた。

（中略）

ユダヤ人はボツ〱でも儲けるが可成大幅な儲けをしたいのであるから、勞多くして儲からない勞働や、農業を自分でやらうとはしない。併し後章說く樣に勞働者、農民を利用する爲に勞働價値論などをカルル・マルクス事本名モルデカイと云ふユダヤ人に編み出させて大衆運動に利用した。

（中略）

次に一貫してやつて居るのは宗教の破壞である。共産黨入門と云ふ宣傳教科書には、宗教破壞の方法を大乘小乘の二樣に別けて教へてある。卽ち

知識階級に對しては科學萬能主義を說いて宗教を否認すること
無知識階級に對しては奇蹟の否認を以てすること

又千八百九十七年の第一回シオニスト會議から有名になつた議定書第四章に

「かるが故に凡ての宗教を顚覆し、神と聖靈とに關する基礎觀念を非猶太人の魂から拔き去つて、之に代ふるに算數的打算と物質の慾求を以てせなければならない。」

但し斷つて置くべきことは、彼等の唱へる宗教破壞の中にはユダヤ教は除外されて居ることである。ユダヤ人マルクスの有名な語〝宗教は人民の阿片なり〟はモスコーの目拔きの所へ金文字で揭げてあるけれども、ユダヤ教の寺院の破壞されたものは極めて稀である、革命後數年を經た後に於て唯ノヴゴーロド＝セーウエルスクの一ケ寺で而もそれは軍隊が革命で崩壞する際のことである。（後略）

（前略）ダーヴイニスムやマルキシスムやニーチエイスムの諸學說は吾々が仕懸けたものだが、それが如何に効を奏してゐるか見て頂きたい。之等の諸學說がゴイムの信念を動搖さした効果は諸君が旣に充分明瞭に認められたことゝ思ふ。

（同書の附録「第三　シオンの議定書」「第二　議定」より）

ここに示されているように、非ユダヤ人に科学万能主義を説いて彼らに理神論や唯物論を押しつける真の目的は、ユダヤ教以外の宗教を破壊することなのです。つまり「この世界に神などいない」と吹き込んで汎神論の神を否定することによって、非ユダヤ人から宗教を奪い、彼らを奴隷化しやすくするわけです。そこで科学万能を装うために仕掛けられたプロパガンダが、ダーウィニズムであり熱力学の第二法則であり、相対性理論であるわけです。こういったプロパガンダを捏造してまで非ユダヤ人の宗教を破壊しようとするのは、「新世界秩序《ニューワールドオーダー》」の構築つまりユダヤによる世界統一を達成せんが為なのです。つぎにまた『ようやく「日本の世紀」がやってきた』から引用します。

馬渕　（前略）

ロシア革命を起こしたのは亡命ユダヤ人なんです。トロツキー（レフ・トロツキー　一八七九～一九四〇年　両親がユダヤ人）が有名ですが、レーニン（ウラジーミル・レーニン　一八七〇～一九二四年　ソ連初代最高指導者　任期一九一七～一九二四年）も四分の一、ユダヤ人の血が入っている。その他の当時の指導者も、ほとんどユダヤ系なんです。

彼らはユダヤ系でも、ほとんどハザール系（引用者注：アシュケナジム、つまりセム系ではなく白人系《コケージャン》ユダヤ人）ではないかと言われているのですが、今はロシア革命におけるユダヤ人の役割は学問的な対象になっていて、かなりしっかりした研究ができている。私も少し読みましたが、当時のソ連の共産党の幹部、ソ連の人民政府の幹部は、八、九割がユダヤ系ですね。

ですから、私は、「ロシア革命ではなく、ユダヤ革命だ」と言っています。（中略）イタリアのムッソリーニ（ベニート・ムッソリーニ　一八八三～一九四五年　イタリア王国首相一九二二～一九四三年、イタリア社会共和国大統領一九四三～一九四五年）のファシズムに、ドイツのヒトラーのナチズム、日本の軍国主義などと言われ、世界の歴史家はそちらの全体主義にばかり注目して、共産主義には注目していない。

しかし、実際にどれだけの人が殺されたかというと、共産主義のほうが殺された人間がずっと多い。ところが共産主義の問題点については誰も言わない。それが今まで続いている。

それが二十一世紀を解くカギなんです。二十一世紀を理解したければ、私は「ロシア革命を正しく理解しろ」と、ずっと言っているのです。

結果的には、グローバリズムを、ユダヤ人が主導している場合が多いのですが、グローバリズムとはユダヤ人というよりも、ユダヤ思想です。グローバリズムは、「国境をなくすという思想」で、ユダヤ人がずっと唱えてきたことだからです。（中略）近代化というのはユダヤ化ということなのです。つまり、近代化とは、極論ですけれど、結局個人がみんな移民化することなんです。

（中略）

馬渕　まあ単純化して言えば、ルーズベルトは社会主義を世界に広めようとして戦争したというのが、私の解釈なんです。（中略）

結局我々から言うと、シナ事変も含めて、連合国との戦争である大東亜戦争というのはユダヤ系勢力との闘いだったんですよ。しかし、戦後の言論界では、そういうふうには言えない。しかし、それを言わないと、大東亜戦争の意味がわからないわけです。ましてシナ事変の意味もわからない。

（中略）

蔣介石は、いったん張学良に命を握られていたわけです。ところが張学良の背後には、毛沢東がいて、その背後には、ソ連がいて、アメリカもイギリスもいたわけです。

毛沢東だけではなく、スターリンもルーズベルトも、蔣介石を日本と戦わせないと、共産主義運動が蔣介石につぶされると思った。そこで、彼らが「日本と戦争しろ」と蔣介石を強要したのが西安事件です。それは、毛沢東を生かすためであって、蔣介石が日本と戦争して共倒れしてくれたら、中国が共産化できるからですよね。

（中略）

蔣介石との和平は、ドイツが仲介してくれたりしましたけれど、広田弘毅《ひろたこうき》（一八七八〜一九四八年　一九三三〜一九三六年外務大臣、一九三六〜一九三七年内閣総理大臣、一九三七〜

一九三八年外務大臣）がアメリカにも頼んでいる。しかしアメリカは蹴とばしているんです。それでアメリカは東京裁判で広田弘毅を文官としては唯一A級戦犯として死刑にしているわけですよ。

日本は最後の最後までアメリカに頼って、ルーズベルトと会談しようとしたりした。アメリカに対して自重に自重を重ねた。今から見れば、なにをやっていたのかと思いますが。結局、そのときのルーズベルトを動かしていたユダヤ勢力の戦略に気がつかなかった。その戦略とは、中国を共産化するということなんです。（中略）ルーズベルトは、毛沢東に政権を取らせるために、日本を叩く必要性があった。そのためにアメリカは、日本と戦っている蔣介石を支援した。そして蔣介石を疲弊させて、最後には毛沢東が勝つようにという戦略だったと思うんですね。

（中略）

馬渕　極論すれば、日本の明治維新以降の戦いも、二十世紀の戦いも、ユダヤ金融勢力対世界の戦いだったのです。言い換えれば、国際主義対民族主義の戦いと言えますが、ユダヤ主義対非ユダヤ主義の戦いだった。

先ほど、ヒトラーの話をしましたが、ヒトラーはもちろん非ユダヤ主義者だった。日本もそうだった。

日本をユダヤ化しようとしたのが、ルーズベルトです。ユダヤ化とは、政治的に言えば共産化です。だからまず、ソ連を共産化して、次には中国を共産化した。その共産化に立ちはだかったのが日本です。

日本は天皇陛下を戴《いただ》く国ですから、共産主義とは水と油で合わない。だから私はルーズベルトは日本を叩かざるを得なかった、必然性があったと考えています。

（中略）

近代化とはなにかというと、実はユダヤ化ということだった。そのことに、多くの日本の保守の思想家も気づいていない。ヨーロッパで「近代とはなにか」と勉強するのは、ほとんどユダヤ人の思想家が言っていることを学ぶことなんです。だからそれを近代思想として研究したら、ユダヤ思想というのが見えなくなる。それが西洋近代になってしまうんですよ。

でも、近代化とはなにかということを一言で言えばユダヤ化なんです。

5 国には通貨発行権がない？

天野統康《もとやす》著『世界を騙し続けた［詐欺］経済学原論』から引用します。

人類は今の今までマネーの性質を理解してこなかった。

（中略）その原因は、マネーの創造機関を牛耳る「国際銀行権力の秘密結社」によって、社会全体がマネーを理解できないように情報操作されてきたためである。その歴史は何百年にもわたる。

市民が気づかないようにマネーによる社会操作の仕組みが作られてきたので、いくら経済学や政治学を学んでも、政治や経済の動きの根本が説明できないのである。

（中略）

この秘密結社に「犯罪的」と付けるのは、世間が許容できない行為、例えば、騙し、盗み、殺し、戦争、テロ、マインドコントロール、景気操作といった悪事を、社会に対して秘密裏に行う組織だからだ。犯罪的集団に我々が住んでいる民主社会が乗っ取られているとはにわかには信じがたい話である。

（中略）

国が通貨発行権を持たず、民間から借金をして予算を作る社会体制は、欧米を牛耳ってきた国際銀行権力が長期の歴史を通じて作り上げてきた。この体制は、2つのシステムからなり、経済原理では「資本主義」、政治原理では「民主主義」を基盤としている。（中略）

政府と通貨発行権を分離させる政「金」分離型の社会システムを作ってきたのは、銀行券などの通貨を発行してきた欧米の銀行家たちである。この集団は主にユダヤ系の国際銀行家と欧米貴族の混血を中心とした組織で、ロスチャイルド財閥やロックフェラー財閥などが形成している連合体である。近代欧州における通貨発行権を独占してきた権力の継承者たちだ。

欧州において商人たちが力を持ち、王侯貴族が没落した自由民主制の発達（特にフランス革命以降）の中で、新興勢力であった国際銀行家と、欧米の没落貴族が婚姻によって結びついた。

このような仕組みがどのように形成されたのか見てみましょう。『ようやく「日本の世紀」がやってきた』から引用します。

馬渕　言ってみれば、結局、世界史はなにかというとユダヤ史なんです。

一九九一～九三年まで欧州復興開発銀行初代総裁を務めたジャック・アタリ（一九四三年～　アルジェリア出身のユダヤ系フランス人。フランスの経済学者、思想家、作家。一九八一年～九一年フランソワ・ミッテラン大統領の補佐官）は経済学者と言われていますが、金融ユダヤ勢力の世界計画を代弁しているだけなのです。逆に言えば、彼の著述や発言を読めば、彼らがどう考えているかというヒントになる。彼は本の中で「国家の歴史は債務の歴史だ。国家は債務、つまり借金によって栄え、借金によってつぶれる。その繰り返しだ」と言っています。

事実そうなのですが、それはひっくり返してみれば、国家の歴史は、国家に金を貸す者の歴史ということになる。では、誰が金を貸しているかというと、ほとんどはユダヤ金融勢力です。

ユダヤ金融勢力は国を持っていないから、国家に金を貸して、その国家を牛耳る。その走りは「イングランド銀行」（イギリスの中央銀行　一六九四年に設立）です。

世界で最初にできた中央銀行が、現在もロンドンのシティにあるこの「イングランド銀行」なのですが、それが設立されるに至った経緯を同書で馬渕は次のように述べています。

馬渕（前略）

イギリスで言えば、ピューリタン革命（一六四〇～一六六〇年にイギリスで起こった革命。クロムウェルらピューリタンを中心とする議会派が一六四九年国王を処刑し共和国を樹立。クロムウェルの革命独裁を経て、一六五九年彼の死後、共和国は崩壊し、一六六〇年に王政が復活）があって、チャールズ一世が斬首され、息子（のちのチャールズ二世）はフランスに亡命した。

クロムウェルを扇動して、チャールズ一世を処刑させたのは、オランダなどにいたユダヤ系の金貸し業者です。ところがそういう勢力がフランスに亡命したチャールズ二世に金を出してやり、のちにイギリスの国王に戻している。彼らは、そういうことを平気でやっている。

我々はクロムウェルのピューリタン革命は、「イギリスの民主主義の実現だ」などと教えられていますが、あれはユダヤ人がイギリスに合法的に戻ってきた革命だったということです。ヒレア・ベロック（一八七〇～一九五三年　フランス系イギリス人の作家、歴史家、社会評論家）など、イギリスでユダヤの歴史を勉強している人がそう言っています。

日本人は、歴史教科書でイギリス史の重要なポイントとして習うのはピューリタン革命と名誉革命（一六八八～一六八九年）ですが、そんなことよりも重要なことは、一六九四年にイングランド銀行ができたことです。

これはユダヤ人の金融業者が当時のウィリアム三世に、フランスとの戦費（当時イギリスはフランスと交戦していた）を賄《まかな》うために、百二十万ポンドの金を貸して、その代わり百二十万ポンドの通貨を発行する権限を得たのです。

馬渕　（前略）

馬渕は米国のＦＲＢ（連邦準備制度理事会のもとの連邦準備銀行）についても述べています。

J・F・ケネディ大統領（ジョン・フィッツジェラルド・ケネディ　一九一七〜一九六三年一九六一年一月に第三十五代アメリカ大統領に就任）が在任中の一九六三年十一月二十二日にテキサス州ダラスで暗殺されたのは、リンカーン同様に、政府が紙幣を発行したからです。

一九六三年六月四日にケネディは政府紙幣の発行を財務省に命じました。その紙幣はFRB発行の銀行券とほぼ同じデザインで、ただFRBのマークの代わりに「United States Note（政府券）」と印刷してあるものです。二ドル札と五ドル札を発行し、次に、十ドル札、二十ドル札を刷っていこうとしたときにケネディはテキサス州ダラスで暗殺されています。

（中略）

馬渕　一九一〇年十一月二十二日にJ・P・モルガンが所有するジョージア州の沖にあるジキル島クラブで、秘密会議が開かれて、FRB設立についての計画が討議されたのです。

（中略）

そのメンバーには、J・P・モルガンの創設者のジョン・ピアポント・モルガンなどの銀行家と、ロスチャイルドの代理人ポール・ウォーバーグという有名なドイツ系ユダヤ人や共和党上院議員で院内幹事のネルソン・オルドリッジ（娘がジョン・ロックフェラージュニアと結婚している）が入っています。

当時はウッドロー・ウィルソン大統領（一八五六〜一九二四年　第二十八代大統領　任期

一九一三～一九二一年）で、金融のことは何もわからない人だから、「署名しろ」と言われて署名し、それでできた。

ケネディは虎の尾を踏んだのです。同じように踏みそうになって、暗殺未遂になったのがロナルド・レーガン（一九一一～二〇〇四年　第四十代大統領　任期一九八一～一九八九年）です。一九八一年三月三十日に起こったレーガンの暗殺未遂も不思議な事件です。（後略）

『世界を騙し続けた［詐欺］経済学原論』において天野もＦＲＢについて述べています。

世界の貿易決済に広く使われる主要な通貨を基軸通貨と呼ぶ。現在の基軸通貨ドルを発行している米国の中央銀行ＦＲＢは、実は公的機関ではなく株式会社であり、「民間が所有する中央銀行」である。ちなみに米国政府は1株も持っていない。（中略）（引用者注：株主のリストを）見れば、ウォール街の銀行財閥が管理している金融機関が株主を占めている。銀行財閥が中央銀行をはじめ、様々な金融機関を所有しているのである。この銀行権力の秘密結社が、金融のみでなく、様々な主要企業、巨大軍事産業の株主になることで軍事権力まで牛耳っている。

（中略）

株主の名義隠し会社が超大国米国を代表する一連の巨大企業の主要株主になっている。（中略）超大国であるはずの米国の議会や司法が、ＦＲＢや大企業の見え見えの株主の名義隠しに対して指一本触れることができない。その理由は米国が国際銀行権力に管理されているからである。

（中略）

国際銀行家の秘密結社は国際機関をも牛耳っている。そもそも殆どの国際機関はこの結社が中心になって創設されてきた。

（中略）ＩＭＦと世界銀行を牛耳《ぎゅうじ》っているのが米国である。その米国を牛耳っているのが、前述したＦＲＢの株主たちの秘密結社である。（中略）創設から現在まで殆どの国際機関は、秘密結社が中心になり運営してきたのである。


ここで天野が言う国際機関には、かつての国際連盟や現在の国際連合も勿論含まれています。天野はさらに、マスメディアや学問の世界までも彼らが牛耳っていると言います。

欧米日のマスメディアはマネーの支配者が牛耳っている。そもそも現在のマスメディアを最初に作り出したのは銀行家である。読売新聞や日経新聞などの日本の報道機関を見れば、海外ニュースのソースは通信会社からのものである。その通信会社は国際銀行家が作り出したものだ。

例えば、１８３５年に設立された世界初の通信会社であるフランスのＡＦＰの創業者ユダヤ人アヴァスはロスチャイルドに雇われていた。そのアヴァスの部下であるポール・ロイターが有名な英国を本拠地としたロイター通信を作った。（中略）米国のＡＰ通信は米国を牛耳るＦＲＢの株主たちのプロパガンダ機関である。この３つの通信社で西側の殆どのニュース元を独占し発信している。（中略）殆どのマスメディアは、銀行権力の洗脳の道具であり、これをもとに社会全体をコントロールしているのだ。

（中略）

秘密結社が牛耳っているのは社会に影響力のある組織全般である。当然であるが、学問の管理も徹底している。

例えばノーベル賞がその典型だろう。そもそもノーベル経済学賞はノーベル賞ではなく、スウェーデン中央銀行が創立３００年を記念して設立した、中央銀行が与える中央銀行賞である。そのため歴代のノーベル経済学賞の受賞者の多くは、中央銀行の独立性を支持する新自由主義経済学の系統である。（中略）どの業種を支配するよりも、学問を支配することが、世間を騙すことによって社会を支配する銀行権力にとって有益だったということである。

また1952年に米国のリース下院議員が中心になり調査した報告によると、ロックフェラーとカーネギーの財団は20世紀の前半に、米国における全ての高等教育機関の全寄付金の3分の2をまかなっていた。リース委員会の報告書にはこう述べられている。

「財団や系列組織の非常に強力な複合体が、長年にわたって教育界を支配する領域を広げてきた。この複合体の形成に大きな役割を果たし、自らもその一部となっているのがロックフェラーとカーネギーの諸団体である」

（中略）

日本の学問は明治以降、欧米からの輸入学問であった。その本家が管理されているのだから、日本の学問もまた管理されているのである。

天野はさらに、彼らは政治や社会までもコントロールしていると述べています。

国際銀行権力は政治も管理下に置いている。右翼・保守、左翼・革新のどの勢力も国際銀行権力の強い影響下にある。

政治がよって立つ理論と研究が学術機関の世界で行われ、その理論に基づいて活動をしているからだ。その学術機関の中で認められている政治経済理論の殆どは、国際銀行権力と通貨発行権の問題を指摘しない内容ばかりである。

（中略）

社会における人々の「意識化」と「無意識化」の操作を実現させる武器が、通貨発行権である。マネーの力によって買収したマスメディアや学術機関を通じて、社会に何を意識化させ、無意識化させるかを誘導できる。通貨は音もせず目にも見えないため、攻撃される側が気づかない間に操作されてしまう。このような特徴から金融は社会を操作し、洗脳する「沈黙の兵器」とも呼ばれる。

（中略）

一方で、世界中に張り巡らせてある米軍基地を主軸とした日米安保や、欧米の軍事連合であるＮＡＴＯの軍事力は、銀行権力のマインドコントロール・システムを維持させる担保としての役割を担っている。

（中略）

平時には、金融によってマインドコントロールを行い、有事には軍事によって政敵を排除し自らの権力を維持する。銀行権力にとって金融と軍事は表裏一体の支配体制の要である。

ここで『ようやく「日本の世紀」がやってきた』からの引用に戻ります。

馬渕　その勝海舟も面白いことを言っている。『氷川清話《ひかわせいわ》』『海舟座談』などを読みましたが、彼は何度も「外国から借金はしてはいけない」と言っている。だから勝海舟こそ、日本の救世主だったと私は思う。

あのとき、ご承知のように、フランスが幕府に金を貸そうと言った。それを断った。もしフランスから金を借りていたら、日本の国内で内戦が起こって、英仏の代理戦争をやらされていた。そこでジャック・アタリが「借金をさせれば、その国を牛耳ることができる」と言っていることに結びつく。（中略）

戦争をするのに膨大な金が必要になる。資金が足りなくなるから、誰かが金を貸す。第一次世界大戦も、第二次世界大戦も、要するに金儲けのための戦争なんです。こういうことを、我々は一切教えられない。

（中略）

馬渕　ユダヤ問題、ユダヤ人の歴史がわからないと、今の経済システムがわからない。ユダヤ人が主張する契約尊重の思想もわからないわけですね。

日本人はまったくユダヤ人を迫害したこともないし、むしろ平等に取り扱ってきたにもかかわらず、今の日本非難は、突き詰めればアメリカなどのユダヤ系メディアや学者がやっている。日本非難のアメリカの歴史学者はユダヤ系がほとんどです。日本が金融市場でいいようにやられているのもユダヤ系の金融家たちからです。世界の諸問題を理解するには、ユダヤ人の発想を知る必要があるのです。

（中略）

我々が西洋思想だと思っているのは、ほとんど西洋思想ではなくユダヤ思想なんですね。共産主義もそうですが、今の左翼がよりどころとしている、社会主義もリベラル思想もユダヤ思想なんです。そのことを理解しないと、世界の構造がわからない。

そのことを理解せずに、日本の左翼はただ踊らされているだけです。彼らは私に言わせれば、ユダヤ思想のエージェントなんです。（中略）ユダヤ思想のもとにあるのは、ユダヤ金融資本なんです。

ここでまた『世界を騙し続けた［詐欺］経済学原論』から引用します。


（前略）銀行権力については民間の個人の研究の成果が積み重なり、アカデミズムが殆ど取り扱わない分野であるにもかかわらず、膨大な情報が蓄積されてきた。

（中略）

国際銀行権力を頂点とし、通貨発行権をツールとして、民主政治と資本主義経済の２つの制度を操作する仕組みとなっている。

（中略）

西側諸国、東側諸国で隆盛した殆どの古典主義、新古典主義、ケインズ主義、新ケインズ主義、マルクス主義、社会民主主義などは、通貨発行権を独占してきた国際銀行家と、借金通貨システムについて述べてこなかった。

（中略）経済学において通貨発行権を牛耳る銀行権力について研究をすることは陰謀論として排除される。


また政治権力が通貨発行権に影響力を持つことを、権力の市場への不当介入だとして指弾する。

（中略）国際銀行家たちが牛耳るマスメディアとアカデミズムは、世間に向けて政治政策にばかり意識を向けさせるように誘導してきた。（中略）全産業に最も支配的な影響力を持つ通貨発行権に関しては、独占禁止法は適用されたことがない。実際には特定の国際銀行家が中央銀行を牛耳っているにもかかわらず。

これらの引用からは、現状の打開がとても困難であるという天野の思いが伝わってきます。しかし、天野は同書で次のようにも述べているのです。

しかし無敵に見えた国際銀行権力の情報操作に徐々に亀裂が入り始める事態が生じる。21世紀に大規模に普及したインターネットの登場による情報革命である。（中略）銀行権力の勢力圏で発明されたインターネットという武器が、自らの武器である情報操作を無効化させ、体制を崩壊させかねないものになっている。

6 閉ざされた言論空間

安江仙弘の『猶太の人々』から再び引用します。

一九三五年七月二十五日から、同二十七日に亙《わた》つて、露都《ろと》モスコウに第三國際共產黨第七回大會が開催された。（中略）その決議文は當時、我が新聞紙上にも報道せられたのであるが、その重要なる點は次ぎの如くである。

一、國際共產黨《コミンテルン》は從來に於ける諸團體との對立觀念を清算して、專らファシズムに對する單一戰線の構成に邁進する。卽ち反ファシズム戰線統一の手段としてその何物たるを問はず、之と提携し、高遠なる理想論を排して、日常卑近の現實的事業を捉へ、且つ各國の特殊事情に卽應するが如き方法を以て、不知不識《しらずしらず》の間に大衆を自己の傘下に引き入れ、ファッショ乃至《ないし》ブルジョア機關に積極的に潜入して、內部より之を崩壞せしむること。

二、赤化の主攻撃を日本及び獨逸、波蘭に撰定し、此等の國を撃破する爲め、英、佛、米の資本主義諸國とも提携し、各個に撃破するの戰略を採ること。

三、日本を中心とした赤化の前提として支那の利用に力を注ぐこと。

此の決議の實行として、第二國際共産黨を始め、各國に於て公認されてゐる幾多の社會主義團體と提携し、人民戰線の統一强化を圖り、以て赤化工作に活躍することになつた。

（ルビは引用者が取捨）

つまり1935年の時点で、ユダヤが作った国際共産党《コミンテルン》は英、仏、米の資本主義国と提携して、日本、ドイツ、ポーランドに対して赤化攻撃を仕掛けると決議しているのです。この決議文からも明らかなように、ユダヤ主義（共産主義や資本主義）に与《くみ》しない勢力つまり非ユダヤ勢力を一括《ひとくく》りにファシズム勢力と呼んで敵視しているわけです。前文の続きを引用します。

日本は、此の世界赤化の本源國際共産黨に對し、昨年十一月二十五日、獨逸と防共協定を締結した。即ち獨逸と思想戰の共同戰線を張つたのである。

このナチスの獨逸が、徹底的に猶太人を排斥してゐることは、何人《なんぴと》も知らぬ人はない。

（中略）

抑々《そもそも》猶太人マルクスの主義を實行せんとする猶太人及び、その共鳴者によつて、組織されて居る所の國際共産黨員からなるソヴエート聯邦政府、並びに猶太人に關して、昨年九月十日ナチス大會に於て、ローゼンベルグ外交部長及びゲッペルス宣傳相のなしたる宣言は、よくその眞相を衝いてゐる、先づローゼンベルグ外交部長宣言の中に、次ぎのことがある。

『ソ聯邦政府を支配する者は、農民に非ず、勞働者に非ず、實に猶太人に依つて指導さるゝ最も苛酷なる國家資本主義である！　赤軍は全世界猶太禍の旗幟《きし》を掲げ、武裝せるプロレタリアの前科者を第一線に据ゑ、歐亞兩大陸諸國を内外から脅威して居る！』

更にゲッペルス宣傳相は、次のやうに述べてゐる。

『今や猶太人は歐洲各國の文化を潰滅に導き、國際猶太帝國建設の爲め、あらゆる手段と方法を盡して蠢動《しゅんどう》して居る！　各國民は今こそ奮起して世界の危機を救濟する爲め、ボリシエヴイズムとの鬪爭を開始せねばならぬ。彼等は曾《かつ》て露國に施した所を今西班牙《スペイン》國內に繰返して居るが、西班牙内亂を全歐洲に擴大するのが、彼等窮極の目的である。ボルシエヴイズムは今や理論鬪爭の對象ではなく、歐洲死活の大問題である。ヒットラー總統は率先猶太禍に對する抗爭の火蓋を切つた。兩極は決して妥協しない……』

右の宣言の眞實なる限り、日本國民は防共協定の成立によつて、猶太民族を理解するの必要性が倍加されたのである。

我々は國際共產黨に對して公然獨逸と共同戰線をはつた以上、國際共產黨と不離不則の關係にある猶太民族に對しては、其好むと好まざるとに係らず、無關心であり得なくなつたのである。

勿論この猶太の赤化主義は猶太の世界政策中、最も尖銳過激な一部に過ぎないのである。この外世界大秘密結社フリーメーソンを背景とする大勢力が潛んでゐる。又他に世界三分の二の大資本を所有する猶太大資本主義が、傲然《ごうぜん》として構へて居る。況んや此等の猶太勢力が歐米は勿論、支那及び日本までも及んでゐるに於ては、尙更のことではあるまいか。

（ルビは引用者が取捨・修正）

「右の宣言の眞實なる限り」との前置きを記した上で述べている、この安江の主張はまさに正鵠を射たものでありましょう。次に天野著『世界を騙し続けた［詐欺］経済学原論』から引用します。

特に世界的な影響力を及ぼしたのがドイツのナチズムだった。ナチズムは以下のように説いた。

「国際銀行家に支配された自由民主制は、ペテン体制である。また人類の平等を強調する社会主義体制も民族を消滅させる危険思想である。民族という同胞意識（友愛）に基づく闘争こそが、歴史の正しい法則である。優越民族であるアーリア民族、特にその中で最もアーリア的特徴を持つゲルマン民族が、他の民族を屈服させ世界を支配するべきである」

アーリア民族を優越民族とする思想は、ユダヤの選民思想と同様に差別思想ですが、この主張の前半は真っ当なものでしょう。同書より、続きを引用します。

銀行権力の根絶を訴えていたナチスを大規模に金銭的に支援したのは、これまた矛盾しているようだがウォーバーグなどウォール街やドイツの銀行家たちであった。ＦＲＢの創設者ポール・ウォーバーグの実兄であるユダヤ銀行家マックス・ウォーバーグはヒトラーの活動の初期から支援をしていた。（中略）国際銀行権力はヒトラーのような騒乱を起こす過激派を支援することで、新たな戦争を作り出す環境を整えたのである。

驚くべきことですが、どうやらこれが真実らしいのです。つまりユダヤ資本がナチスを育成したのです。さらに続きを引用します。

ファシズムが果たしたもう1つの役割は、社会から国際銀行権力の存在の無意識化を促進させる「タブー化」である。
ナチスの人種差別に基づく理論とユダヤ民族排斥の実践の結果、自由民主制では、通貨発行権を牛耳る国際銀行権力の問題を議論することはタブーとされるようになった。そのことを語ることは「独裁制と人種差別の擁護者」と見なされるようになったのである。
欧州においてはユダヤ民族虐殺であるホロコーストの犠牲者数に疑念を呈する発言をすれば、逮捕されることもある。（中略）ユダヤ系の犠牲者数に関してはタブーなのである。特定の国際銀行家に対する批判が、民族全体の問題にすり替えられてしまう。通貨発行権について語ることが、さも人種差別を煽ることのように結びつけられてしまった。

こうして、ナチズムの侵略と人種理論の暴走がもたらした結果は、強力な社会的タブーが作られ、議論が封じられ、国際銀行家と通貨発行権の問題の無意識化が促進されたのである。

私は、ユダヤ資本がナチスを育成した目的がここ、つまり強力な社会的タブーを形成することにあったのではないか、という疑念を拭い去ることができません。ナチスによるユダヤ人殺害のみをホロコースト（燔祭《はんさい》：神にささげる供犠）と呼ぶことが、そのことを示唆しているように思えるのです。同書の続きをあと少し引用します。

第二次世界大戦後、世界は自由民主制（西側）と一党独裁型社会主義体制（東側）の勢力に二分された。超大国たる米国とソ連が世界の覇権を巡って争う東西冷戦と言われる構図である。

※　意外な事だが国際銀行権力は、ライバルであるはずのソ連を金銭面で大規模に支援した。

※　このことを研究し、暴露したのはスタンフォード大学のアントニー・サットン教授である。サットン教授は、米国と対立していたソ連が、実は米国によって工業から軍事技術に至るまで、殆どの技術的支援を密かに受けていたことを公表した。その後、教授は大学を解雇されてしまう。米国の銀行権力にとって都合が悪い事実だったのだ。（中略）
他にもサットン教授はキッシンジャー元国務長官のような権力の中枢にいる人間が、ミサイルなどの高度な軍事技術に転用される装置を、国防省の警告を無視してソ連に輸出することを承認したことも述べている。このようにソ連は、誕生から崩壊まで、銀行権力が支援し続けた。（後略）

次に福井義高《よしたか》著『日本人が知らない最先端の「世界史」』より引用します。


最近、特定の個人ではなく、グループとしての在日韓国・朝鮮人を対象とする、一部団体の抗議デモが、人種的民族的偏見に基づくヘイトスピーチに当たるとして、法規制を求める声が上がり、ヘイトスピーチ解消法が成立した。

（中略）

興味深いことに、常日頃、政府に表現の自由を最大限尊重することを求め、特定秘密保護法などに反対してきた人たちほど、一種の言論活動であるヘイトスピーチの規制には極めて熱心なようである。

（中略）

ヘイトスピーチ規制先進国のドイツでは、「憎悪」という用語を明記した、ほぼ同様の条項が、今から半世紀以上前の１９６０年から存在し、１９６９年から公衆扇動罪と呼ばれている。（中略）

しかし、公衆扇動罪は、我々日本人が、通常、ヘイトスピーチ規制を考える際に思い浮かべるものとは、かなり違った行為も対象としている。

（中略）

要するに、公衆扇動罪は、ユダヤ人迫害に関する通説を否定する、いわゆるホロコースト否定論者も対象にしているのだ。しかも、表明される内容そのものが犯罪を構成するとされるので、表現方法が一見「学術的」であっても許されない。（中略）

そもそも、ナチス・ドイツ時代の歴史に関して、どこまでが学問的論争の範囲として許され、どこからが公衆扇動罪の対象となるのかがはっきりしない。実際に有罪となった例を見ると、大規模なユダヤ人迫害自体は認めていても、殺害方法、犠牲者数、あるいは対ユダヤ人政策の意図に関して、通説と異なる主張をした点が問題となっているようである。

（中略）基本的に、ナチス・ドイツを絶対悪とするニュルンベルク裁判史観に異を唱えることは、命とまでは言わないけれども、社会的地位を失う危険と、文字どおり隣合わせなのである。

先の天野の指摘通り、やはりドイツやフランスではナチスのユダヤ人迫害つまりホロコーストについての通説に対して、いかなる疑念を表明することも犯罪となってしまうのです。同書よりの引用を続けます。

ニュルンベルク裁判史観が批判を許さない一種の宗教的ドグマとなっていることが、さらに明確になっているのが、フランスのヘイトスピーチ規制法である。（中略）

法律に名を借りて国家権力で異なる歴史認識を圧殺しようという動きは、ホロコーストに限られない。プリンストン大名誉教授で中東研究の第一人者、バーナード・ルイス（英国出身、米国籍）も、その被害者の一人である。

欧米によるトルコ批判の核にあるのが、第一次大戦時のオスマン帝国内で起こったアルメニア人虐殺をめぐる歴史認識問題である。論点は虐殺の有無ではなく、帝国政府による国策としてのジェノサイドを主張するアルメニアに対して、戦時中の軍事的必要性に基づく強制移住の過程に伴う不祥事というのがトルコの立場である。

このトルコの主張を基本的に支持する発言を、1993年11月にルモンド紙上で行なったルイスは、アルメニア人活動家に虐殺否定論者として訴えられる。刑事では無罪となったものの、民事では一部敗訴となり賠償を命じられた。（中略）

ユダヤ人虐殺以外の論点で歴史認識そのものが犯罪とされる可能性は、今のところはそれほど大きくないといえる。ただし、ルイスの例が示すように、民事裁判で多額の賠償支払いを命じられることは十分考えられる。欧州で南京事件や慰安婦問題について発言する日本人は注意が必要であろう。

一方米国における言論空間も似たようなものであり、アメリカ歴史学会という歴《れっき》とした学問領域においてでさえ、そこでの言論空間はほとんど閉ざされたものであったということです。アメリカ人歴史学者のジェイソン・モーガンによる『アメリカはなぜ日本を見下すのか？』から引用します。

日本の指導者たちが歴史の真相をアメリカに伝えたい気持ちはよくわかるが、誠意をもって伝えれば誠意をもって答えてくれると思うのは大きな間違いである。アメリカのメディアも歴史学会も、真相を解明する機関ではない。真相を闇に葬り、なぜ隠すのだと批判する者を徹底的に侮辱し、潰しにかかる機関だからだ。

（中略）

アメリカの歴史学会が腐りきっていること。

あまりに左に偏っていて、公平な研究など望めない。

アメリカの大学には左翼のイデオロギーを喧伝するしか能がない反日の学者が籠城していて、そこから日本に対する攻撃を計画し、命令を下している。

その城を、まず崩す必要がある。

つまりアメリカのメディアも歴史学会も、真相を隠してその代わりにプロパガンダを垂れ流しているというのです。そしてそのプロパガンダに基づいて日本を攻撃しているというわけです。同書よりの引用を続けます。

２０１７年、国際連合が報告書を出す。

その報告には日本で報道の自由が危機に面していると書かれる予定だ。安倍政権は日本のメディアを脅し、政府を批判するジャーナリストが強制的に辞任させられ、自由民主党の言うことを聞かない記者やテレビのアナウンサーたちは仕事が危うくなっており、言論の自由が侵されそうな状況に陥っている、と。

実に非現実的であり、悪意さえ感じられる内容である。

（中略）

ここである質問をじっくり考えてみる必要がある。

アメリカにとって日米同盟よりも重要なアライアンスはあるのか、と。

「ある」と答えるのであれば、その関係とはどこの国とのアライアンスか。

「イギリスだ」とお考えの方もいるかもしれない。

だが、イギリスは二度の大戦でアメリカをそそのかし、悪魔のスターリンと手を結ぶように促した張本人である。自分の帝国を守るために他国を道具として利用したのだ。

（中略）

また、「米国より重要なのは中国だ」と言う方もいるかもしれない。

確かに最近まで中国の経済成長は顕著であり、13億人を擁するマーケットはアメリカの大企業にとって魅力だ。

しかし、その市場への入場料は極めて高いことが明白となった。中国政府の人権侵害を批判してはいけないという条件を呑むことだからだ。大企業の利益のために人権侵害の協力者になることが果たして国家として最善の選択なのだろうか。

そればかりか中国の工場が急増すればするほどアメリカの工場は打撃を受ける。しかも非常に低い賃金で働かされている中国人労働者に精度の高い品質管理ができるわけがない。中国からの輸入食品に異物が混入されていたケースを紹介するまでもなく、「中国産」は「低品質」の代名詞である。

つまり大多数のアメリカ国民にとって最も重要な同盟国は日本であると言っているのです。イギリスや中国との関係は、国際ユダヤ金権勢力が世界の富を強奪するに際して重要であるというだけの話なのでしょう。同書よりあと少し引用します。

国際連合とは第二次世界大戦で勝利した国が敗戦国を効率的に支配するために作られた

「戦勝国クラブ」にすぎない。

(中略)

そのような戦勝国クラブが各国から平等に資金を徴収するわけがなく、国連の運営予算の40%はアメリカと日本とドイツの三国からの拠出で成り立っている。

一方、中国は日本の約半分だ。韓国にいたっては全体の2%以下である。

(中略)

ルーズベルト大統領の崇拝者は今でも多くいるが、逆に彼を疑うようになった人も増えている。つまり、共産主義国に操られ、敵国ではない国と戦争をするような真似は二度としたくないと考えるアメリカ人が増えてきているのだ。


ルーズベルト大統領の評価の見直しは、いまだ日本語には翻訳されていないフーバー大統領の回顧録『裏切られた自由』(*FREEDOM BETRAYED*)の出版を契機に、米国ではもう始まっているというのです。『日米戦争を起こしたのは誰か』(加瀬英明序、藤井厳喜・稲村公望・茂木弘道著)の加瀬による序文から引用します。

フーバーによれば、三年八ヶ月にわたった不毛な日米戦争は、「ルーズベルト（大統領）という、たった一人の狂人《マッドマン》が引き起した」と、糾弾している。

（中略）

フーバーは、ルーズベルト大統領が容共主義者であり、ルーズベルト政権の中枢が共産主義者によって、浸透されていることを承知していた。

（中略）

アメリカは、日本に理不尽な経済制裁を加えて、追い詰めることによって、この年一二月に日本に第一発目を撃たせて、第二次大戦に参戦した。

（中略）

フーバーは第二次大戦の最後の月の八月に、広島に原爆が投下されると、憤った。

フーバーは『フーバー回顧録』のなかで、広島への原爆投下を、激しく非難している。


本書第5章の終わりに引用した、「銀行権力の勢力圏で発明されたインターネットという武器が、自らの武器である情報操作を無効化させ、体制を崩壊させかねないものになっている」という天野の指摘どおり、連合国戦勝史観の虚妄性が徐々に明らかにされつつあるのです。実は、歴史学や経済学のような文系の学問分野に限らず、数学、物理学あるいは生物学といった理系の学問分野においても言論空間は閉ざされてきたのです。ジョルダーノ・ブルーノやガリレオ・ガリレイが宗教裁判で裁かれたのも、特殊相対性理論を批判したドイツの指導的物理学者フィリップ・レーナルトが第二次大戦後に連合国によってハイデルベルク大学の名誉教授の職を追われたのも、そのことを示しています。またネオ・ダーウィニズムを批判するような生物学者も冷や飯を食わされてきたのです。

7 論理の限界と哲学

哲学つまりフィロソフィーとは知を愛する（愛知）という意味ですが、では知とは何でしょうか。愛することと知ることとは実は同じことではないかと思います。鈴木秀子著『臨死体験生命《いのち》の響《ひび》き』によると、著者は自分自身の臨死体験時に、「いちばん大切なのは、知ることと愛すること。その二つだけが大切なのだ」という重要なメッセージを受け取ったのだそうです。また西田幾多郎著『デカルト哲学について』には次のような記述があります。

スピノザも、十全なる思想とは対象に関係なく、それ自身において考えられるかぎり、真なるもの、即ち対象と一致するものを意味するといっている（Def. 4. p. 2.）。そこに考えるものと考えられるものとが一でなければならない。スピノザの有名なる知的愛amor Dei intellectualisもこれに基礎附けられるのである。

近代では人の知性とは理性つまり合理性であるとみなされることが多いようですが、実は論理や数学には限界があり、したがって理性は人間の知恵の一部に過ぎません。では理性や合理性以外に人間に備わっている知恵とはどんなものでしょうか？　それは感性つまり共感力や直観力と呼ばれるものでしょう。さて論理の限界については拙著『素人だからこそ解る「相対論」の間違い「集合論」の間違い』及び『理神論の終焉』で詳しく述べましたが、もう一度触れておきます。竹内外史著『集合とはなにか』から引用します。

天地創造――楽園追放

創世記

「はじめに神天地をつくりたまへり。地は形なく空しくて《ママ》やみわだの面《おもて》にあり神の霊水の面《おもて》をおほひたりき。**神光あれと言《いひ》たまひければ光ありき，**神光を善とみたまへり神光と暗《やみ》を分ちたまへり。神光を昼となづけ暗《やみ》を夜となづけたまへり夕あり朝ありき是はじめの日なり」

御存知のようにこれは旧約聖書第1巻創世記第1章の冒頭の文章で神の天地創造の第1

日の記述です。ここにこの文章を引用したのは，この章でお話しすることが何にもまして神の天地創造と本質的なつながりがあると思うからです。特に「神光あれと言たまひければ光ありき」という所を覚えておいて下さい。もうしばらく旧約の創世記の記述を追って行くことにしましょう。

第2日は天の創造です。

「神言《いひ》たまひけるは水の中におほぞらありて水と水とを分つべし……」

神が言いたまうと天はそこにあるのです。

3日目は，地と草木の創造です。これも「神言たまひけるは……とすなはちかくなりぬ」

神が言いたまうことすなわち創造です。第4日目は太陽と月，第5日目は鳥と魚，第6日目は地の生物と男女の創造で，これで第1章が終わって神も第7日目はお安息《やすみ》になるのです。すべて創造は「神言たまひけるは」によってなされています。

さてこれからしようということは「集合の世界」の創造です。（後略）

このように竹内は、『旧約聖書』の天地創造にならって、無から「集合の世界」を創ろうというのです。同書よりさらに引用します。

集合の世界

さていままで，いつでもあるもとになる領域Dがあるとしてその元（引用者注：げん。集合の要素のこと）の集合を考えてきました。その意味ではしっかりした土台があってその上に集合という建築をつくっているといってよいでしょう。

これからやろうとすることは，何の存在も仮定しないで集合だけしかない世界をつくろうというのです。そんなことは一体可能でしょうか？　私達はいろいろの例で〝無から有は生じない〟ということを知っています。しかし，ここでは無から有をつくり出すだけではなく，ある意味ではすべてのものをそのなかに含んでしまうような大宇宙を作り上げようというのです。

神は「光あれ」といって光をつくり，その他すべてのものを「いひたもう」ことによってつくっています。私達はどのようにして大宇宙をつくったらよいでしょうか？

（中略）

さて何一つ存在を仮定しないで始めた集合の世界は果たして空っぽなのでしょうか？

いいえそうではありません。たとえ何一つ存在を仮定しなくても空集合は存在します。これを$\{x \mid x \neq x\}$と定義しても、一つも元を含まない集合と定義してもかまいません。確かに空集合は何一つ存在を仮定しないでつくられる集合です。前と同じように空集合をϕ（引用者注：ファイ）で表すことにします。さてそれでは私達の集合の世界はϕだけからできているのでしょうか？　いいえそうではありません。空集合だけからできている集合$\{\phi\}$が少なくとももう一つ存在します。ここで$\{\phi\}$がϕとは異なる集合であることは、ϕが$\{\phi\}$の元であるけれどもϕの元ではないことから分かります。

（ϕには一つも元がないことに注意して下さい）

こうしてϕ、$\{\phi\}$ができますと、あとは同じ方法で無数に集合がつくられることが分かります。$\{\phi\}$だけからできている集合$\{\{\phi\}\}$とか、ϕと$\{\phi\}$とからできている集合、$\{\phi, \{\phi\}\}$というように、いまこのつくり方をもっとハッキリ示すために順序数（順序数のことを超限順序数と呼ぶこともあります）を次のように定義します。

空集合ϕから始めて、今までつくってきた集合全体の集合を次々とつくってゆき、この操作を限りなく繰り返してゆく、この過程にできる集合を**順序数**といいます。

さてこの定義に従って順序数をつくって行ってみましょう。

まずϕをつくります。これを“0”となづけます。私達は創世紀の神のように何もない所から始めるのです。ですからもちろん0というものなどありません。何もない所に初めて出てきたφですから，私達が0と名付けて少しも構わないわけです。「神光を昼となづけ暗を夜となづけたまへり」というわけです。さて，順序数生成の第二段にゆきましょう。これは〝今までにつくった集合0からだけできている集合をつくる〟ことすなわち{0}をつくることです。こうしてつくられた集合{0}を1と名付けましょう。順序数を作る第三段はなんでしょうか。

〝今までつくった集合0，1だけからなる集合を作ること〟です。すなわち{0, 1}を作ることです。この集合を"2"と名付けましょう。

この操作をかぎりなく繰り返してゆくのです。神は第七日目にお安息みになりましたが私達の順序数の生成は休みなく繰り返すのです。こうしてできる順序数の列とその名前の列をかきますと次のようになります。

φ, {0}, {0, 1}, {0, 1, 2}, ……
0, 1, 2, 3, ……

こうしていくと任意の自然数がすべて順序数として生成されてゆく過程がよく分かると

思います。自然数 0, 1, ……, n までつくった所で次の自然数をつくる過程は〝いままでつくった順序数全体の集合〟ですから $\{0, 1, ……, n\}$ でこれを $n+1$ と名付けるわけです。すなわち,

$$n+1=\{0, 1, 2, ……, n\}$$

となっています。ここで n の元の個数がちょうど n 個であることに注意して下さい。これが上の集合を n と名付けることの一つの動機になっています。

さて私達がちょうど自然数全部 0, 1, 2, 3, 4, 5, …… をつくり上げた所を考えてみましょう。私達の順序数はこれで全部でしょうか？　いいえそうではありません。私達はいままでつくり上げた順序数全体の集合を創るのです。すなわち,

$$\{0, 1, 2, ……\}$$

をつくるのです。この集合を ω（オメガ）と名付けます。すなわち ω は自然数全体の集合です。

さてここで竹内は、有限集合の延長上に順序数全体の集合（すべての自然数の集合）ωが得られると何の躊躇もなく述べていますが、果たしてこの方法で本当に無限集合が得られるのでしょうか？「無限のものを限りなく数え続けることはできるが、決して数え終えることはできない」というのが可能無限の立場であり、この立場からは無限にあるものを一つのまとまりつまり集合として扱うことはできないとします。それに対してゲオルク・カントール（1845―1918）や竹内のような実無限の立場では、すべての自然数をまとめて一つの集合として扱えるとします。しかし無限集合ω（$=\{0, 1, 2, \ldots\ldots\}$）は矛盾を抱えた存在であり、「矛盾の存在を許さない」という矛盾律をもった論理において、その存在は認められないはずなのです。その無限集合に伴う矛盾を簡潔に述べると、命題「ωがωの元である」が真であるとしても偽であるとしても矛盾が生じるということです。

まず次のような無限集合 a, b が存在すると仮定します（実無限の仮定）。そうすると自然数の定義により a も b も竹内の言うωとまったく同じ集合であるということになります。

$$\{\phi, \{0\}, \{0,1\}, \{0,1,2\}, \ldots\ldots\} = a$$
$$\{0,\ 1,\ 2,\ 3, \ldots\ldots\} = b$$

さてkを任意の自然数とする時、kおよび$k+1$がともに集合bの元であることより、$k+1$すなわち$\{0, 1, \ldots\ldots, k\}$が集合$a$の元であることが分かります。任意の自然数$k$について$\{0, 1, \ldots\ldots, k\}$が集合$a$の元であることより、すべての自然数の集合$b = \{0, 1, 2, \ldots\ldots\}$が集合$a$の（つまり$\omega$が$\omega$の）元であることが結論づけられます。しかし$b$が$a$の（つまり$\omega$が$\omega$の）元であるとき最大の自然数が存在することになり、自然数の定義から導かれる「最大の自然数は存在しない」という命題と矛盾するのです。つまり実無限の仮定は必ず矛盾を生むわけです。

カントールの対角線論法のような、実無限を仮定した上での背理法による証明など論理的に全くナンセンスであることは、拙著『素人だからこそ解る「相対論」の間違い「集合論」の間違い』及び『理神論の終焉』で示しましたのでここでは繰り返しません。アンドリュー・ワイルズによるフェルマーの大定理の証明も背理法による証明のようですので、詳しくは見ていませんが証明として相当怪しいものであろうと思われます。ちなみにゲーデルによる不完全性定理の証明にも対角線論法が用いられていますが、この証明は背理法によるものではなく構成的な証明ですので論理的に正しい証明です。先に用いた命題「ωがωの元である」の存在が、ゲーデルの不完全性定理が正しいことを示す実例ともなっているのです。

さて竹内が集合論の構築をユダヤ教の正典である『旧約聖書』の創世記の天地創造に喩《たと》えた

ことは、なかなか意味深長であるのです。というのはカントールがユダヤ人であること、そしてカントールが始めた「集合論」が『旧約聖書』に出てくる〝エデンの園〟になぞらえて〝カントールの楽園〟と呼ばれていること、さらには「数学には言葉と論理しかいらない」というカントールの論理主義的態度が禁断の果実を食べて理性という知恵をつけたアダムとエバを連想させること、さらには「自分自身を元に含まない集合すべての集合は自分自身を元に含むか?」というバートランド・ラッセル(1872−1970)のパラドックスによって「集合論」が窮地に陥ったことが楽園追放に擬《なぞら》えられているといった事実があるからです。実際、現代の数学界は実無限の立場をとっており、まさに神のいない、合理性のみが支配する無機的な世界なのです。しかしユダヤ人の名誉のために付け加えておくと、〝自然数は神が作った。あとは人間がつくった〟という言葉を残したレオポルド・クロネッカー(1823−1891)もユダヤ人でしたが、彼はカントールの「集合論」を決して認めなかったのです。『旧約聖書』では、創造主ヤハウェが創ったこの世界は被造物であり、したがってこの世界に神はおらず、そこの支配はユダヤ人に任されるとされています。そこで数学者たちは神に成り代わって、天地創造よろしく空集合の定義から始めて帰納的に次々と自然数を定義していったわけです。さらにカントールは、一線を越えて「無限のものも数え終えることができる」という実無限の仮定をおき、彼の「集合論」をでっち上げたのでした。実無限の仮定は、必ず自己言及的命題つまり決定不能命題や矛盾命題を生み出して論理体系を破壊し、体系そのものを無意味化してしまいます。「集合論」がそのよい例です。数学をナンセンスな体系にしないために実無限を捨てて可能無限に戻さなくてはなりません。

そもそも無限のような神の特性を、人が論理で論じられると考えること自体がおこがましいことなのです。科学の分野でも宇宙の始まり、生命の発生、生物進化、意識の発生あるいは死後の魂などについて論理的に語ることは難しいのです。哲学の分野でも、論理実証主義や数理哲学などは自己言及的命題を扱えないために、自己、世界、生命、進化そして意識や魂を語ることができません。従ってこんなものがまともな哲学であるわけがないのです。

8 神秘に満ちたこの世界

現代科学は、「そもそも神などおらず、この世界は偶然の産物である」、あるいは「この世界は神が創ったのかもしれないが、今この世界に神の存在を示す証拠はない。従ってこの世界に神は存在しない」といった理神論の考え方に未だに凝り固まっているようです。しかし虚心坦懐に世界を見れば、この世界は神秘に満ち溢れています。

ニュートン力学、エネルギー保存の法則、ジェームズ・クラーク・マクスウェル（1831—1879）の電磁方程式そして量子力学などはすべて絶対空間（あるいはエーテル）の存在が前提となります。そしてニュートンが「ニュートンのバケツ」で示したように絶対空間が存在しなければならないのです。もし絶対空間が存在しないとすれば、運動量保存則や角運動量保存則さらにはエネルギー保存則が成り立たず、従ってニュートン力学そのものが成立しなくなるわけですから。つまり、ニュートン力学と相対性原理（ガリレイの相対性原理や特殊相対性原理）とは決して両立しないのです。第2章で述べたように、バークリー主教は、「自分には運動は相対的なものしか考えられない」とし、「それによって、現実の空間が神であるか、神のほかに永劫にして無限、不可分かつ恒常不変ななにものかが存在するかというディレンマを逃れることができる」として絶対空間の存在に異を唱えました。しかし彼は「ニュートンのバケツ」による絶対空間存在の証明にはまったく反論できていません。つまり彼は、科学的理由によってではなく、神学的理由によって絶対空間を否定しようとしたのです。もし絶対空間が存在することを認めるならば、「現実の空間が神であること」つまり「汎神論」を認めることに繋がってしまうからです。バークリーのような一神教の信徒にとって、「神のほかに永劫にして無限、不可分かつ恒常不変ななにものかが存在する」などと認めることは、決してできないからです。マクスウェルもエーテル（つまり絶対空間）の存在を確信しており、実際彼の電磁方程式はニュートン力学と同様に絶対空間の存在無くしては成り立たないのです。量子力学も絶対空間を前提として成り立っています。量子力学と特殊相対性理論を〝繰り込み〟によって両立させたという量子電磁力学（QED）など、それを作った物理学者の一人である当のファインマン（1918–1988）自身が自嘲気味に「ゴミを敷物の下に掃き込むようなもの」と表現しているように、方程式に無限大を先に組み込んでおくという、数学的には禁じ手と言ってよい怪しげな手法を用いたものなのです。

さらに一般相対性理論が示唆するビッグバン宇宙論が正しいとすれば、この宇宙には共動座標系という静止座標系がなければなりません。共動座標（comoving coordinates）とは、膨らみつつあるゴム風船の表面を膨張宇宙に例える時、ゴム風船の表面に対して静止した座標系のことです。この座標上の任意の2点はゴム風船に対して静止していますが膨張と共に離れていきます。このように膨張と共に動くという意味で共動座標と呼ばれるわけです。アインシュタインも1920年にはこのことに気づいており、この年5月のライデン国立大学での講演で次のように述べています。

「(前略)一般相対性理論によれば、空間は物理的特性を与えられている。それゆえこの意味でエーテルは存在する。一般相対性理論によればエーテルを伴わない空間は考えることはできない」

つまりアインシュタイン自身がエーテルすなわち絶対空間の存在を認めているのです。ということは、彼はこの時点で特殊相対性理論を事実上放棄しているわけです。

エルンスト・マッハは「思惟経済の原理」とも呼ばれるオッカムの剃刀《かみそり》の観点から絶対空間、絶対時間を批判しました。つまり絶対空間は観測され得ないのならば、絶対空間や絶対時間など形而上学的概念に過ぎずオッカムの剃刀でそぎ落とせというわけです。ところが絶対空間に対する静止座標系つまり共動座標系はすでに観測されているのです。宇宙マイクロ波背景放射（ＣＭＢ）静止座標系がそれです。われわれの銀河がそのＣＭＢ静止座標系に対してどのくらいの速度でどの方向に動いているのかもすでに明らかになっているのです。つまり絶対空間は観測されているわけですから、形而上学的概念ではなく科学的概念であり、オッカムの剃刀でそぎ落とすわけにはいかないのです。

絶対空間や絶対時間といった絶対の存在を否定してきた現代科学ですが、どういうわけか絶対温度（Ｋ：ケルビン）の存在だけは認めてきました。おそらくエネルギー保存則が成り立つためには温度が相対的なものであってはならないからでしょう。しかし先にも述べたように、エネルギー保存則が成り立つためには運動も絶対的なものでなくてはなりません。そして実際、われわれの銀河のＣＭＢ静止座標系に対する運動は、宇宙の各方向の背景放射の温度の違いとして観測されているわけです。

絶対空間や絶対時間が存在することはこの宇宙が汎神論の宇宙であることを示していますが、ニュートン力学における万有引力（重力）という遠隔作用の存在もやはりそのことを示しています。重力は遠く離れた天体同士が瞬時に引きあう遠隔作用なのですが、現代科学では重力は遠隔作用ではないとされています。しかし遠隔作用の存在は、量子力学においても〝量子もつれ〟という現象によって実験的にも確認されており、科学的に否定し得ないはずですが、現代科学は相対性理論によって遠隔作用は否定できているかのように装っています。現代科学が遠隔作用を認めたくないのはバークリーが絶対空間を認めたくなかったのと同様に、それがオカルト的で神秘的な存在であるからでしょう。〝オカルト〟というのは第2章でも述べたように「目で見たり触れて感じたりすることができない」という意味ですが、ということは〝神秘的な〟あるいは〝理性では説明がつかない不思議な〟といったようなニュアンスも併せ持つことになります。そのため「世界は理解可能である」と考える理神論者は、何としても〝オカルト〟など存在しないと信じたいのです。

しかし、これも第2章ですでに述べましたが、この宇宙の全存在の約70％はダークエネルギーつまりオカルトエネルギーで、約26％はダークマターつまりオカルト物質であり、残りの5％に満たない部分だけが観測可能な通常物質でできているのです。つまりわれわれが五感で知覚できるのはこの宇宙の全存在のごく一部に過ぎず、科学が理解しているのもこの5％に満たない通常物質の性質についてだけなのです。ダークマターはそれぞれの銀河を大きく包み込む形で存在し、ダークエネルギーはこの宇宙に満遍なくつまり普遍的に存在しているようです。ということはエーテル（絶対空間を満たす何ものか）の正体はこのダークエネルギーであるのかもしれません。それはともかく、この世界の約96％がオカルトつまり科学的に正体不明のままであるという事実には、まったく驚かされます。そのうえ前述のように、通常物質における重力や量子もつれといった遠隔作用も、科学的にまったく説明がつかないオカルト作用なのです。まさに「世界は神秘に満ちている」わけです。

特殊相対性理論は、科学理論としての要件を満たしていない、まったくのペテンに過ぎません。数学における「集合論」と同じように、特殊相対性理論は物理学におけるいわば腐ったリンゴです。物理学には他にも腐ったリンゴがあります。それは熱力学の第二法則つまりエントロピー増大則です。特殊相対性理論も熱力学の第二法則も間違った前提のもとに構築された理論であり、ニュートン力学に含まれる真理つまり絶対空間の存在や運動量保存則を否定するために捏造されたのです。

特殊相対性理論が正しいことの証拠とされるものは、ほとんどすべてデータに恣意的解釈を加えたものなのです。まずミューオン（μ粒子）の速度が速くなると粒子の寿命が長くなるという話ですが、宇宙線が大気分子と衝突して生じるミューオンが地表近くで観測できるのは、特殊相対論効果によって高速で飛来するミューオンの寿命が10倍になったからであるというものです。この話には二つの観測問題が潜んでいます。まず一つ目に、高速で飛来するミューオンは地上の時間とは異なる固有時を持つとのことですが、観測者と時空を共有していない事象を、いったいどうすれば観測できるというのでしょうか？　さらには、観測されたミューオンの発生場所が観測地点から6㎞離れた所であるなどとどうして言えるのでしょうか？　地上で観測されたそのミューオンが発生した場所を、特定することなどできません。従って6㎞という値は恣意的に決められた可能性が高いのです。それからマイケルソン－モーリーの実験によって「光速度不変の原理」が証明されたとされていますが、この実験が光速度不変の原理の証明にはなっていないことは、拙著『重力波捏造』で述べましたのでここでは省略します。それにこの原理に対する反証は、CMB静止座標系とサニャック効果の発見によってすでに終わっているのです。さらに、特殊相対性理論を否定するということは、特殊相対性理論から導かれた等式 $E=mc^2$ も否定することになるという人もありますが、そんなことはありません。そもそもこの等式は、その後シュレーディンガー（1887－1961）の師となるオーストリアの物理学者フリードリヒ・ハーゼノール（1874－1915）が、アインシュタインより1年早く1904年にすでに発表していたのです。つまり特殊相対性理論によらずにこの等式は導かれていたのですが、ハーゼノールが40歳の若さで戦死したので、その後アインシュタインの業績とされたのでしょう。

一般相対性理論はビッグバン宇宙論や双子の宇宙論といった、宇宙の始まりの神話を提供してくれる魅力的な理論ですが、宇宙の始まり以外の事象を記述する科学理論としては失格です。なぜならこの理論で記述される事象は固有の背景（つまり時空）を持つわけですから、宇宙の始まりを記述するとき以外は、その事象はわれわれ観測者と背景を共有していないことになるからです。従って、水星の近日点移動、重力レンズ効果、連星パルサーPSR B1913＋16の軌道周期短縮などは一般相対性理論とは何の関係もなく、またブラックホールや重力波などもこの世界には存在していません。

また熱力学の第二法則もまた間違っていますので、この法則が示すような「宇宙はいずれ熱的死に至り、すべてが意味を失う」といったような悲観的宇宙観に悩まされる必要など全くありません。そもそも熱力学が出発点においている仮定、つまり孤立系あるいは閉鎖系が存在するという仮定、および平衡状態に達した孤立系や閉鎖系の気体分子がランダムに運動しているという仮定が、ともに科学的にあり得ない仮定なのです。現代科学がこの熱力学の第二法則に固執するのは、この法則がこの世界には意味や目的などない、つまりこの世界に神も仏もいないということを主張するためです。言いかえると汎神論の神を否定するためなのです。しかし実際には、生き物を別にした無機物の世界だけに限っても、この世界は神秘に満ちています。

そして生命の発生や進化、意識などについては、科学はほとんど何も解っていないと言っても過言ではありません。第2章において紹介した西田先生の「物体に由りて精神を説明しようとするのはその本末を顚倒《てんとう》した者といわねばならぬ」という言葉は、「物体に由りて生命、進化、意識を説明しようとするのはその本末を顚倒した者といわねばならぬ」と拡張することもできるのです。生命体の持つ情報量は極めて大きく、例えば遺伝情報の解析などはたとえ高速のコンピュータを駆使したとしても膨大な時間を要します。また全遺伝情報がわかったからといって、生きた細胞をいっさい用いずに人工的に生物を作ることなどできないのです。現代科学は一方で熱力学の第二法則によって時間とともに情報は失われて宇宙はやがて熱的死に至るとしながら、他方で生物の進化の仕組みはネオ・ダーウィニズムつまり偶然に起きる変異と自然選択とによって説明できていると見なしているようですが、これら二つの科学理論は完全に矛盾しているのです。なぜなら前者は情報は自然に失われると主張し、後者は生物では情報は自然に増大すると言っているわけです。そのうえ生物のまったく存在しないこの宇宙に、生物が初めて出現したのも偶然によるとされるわけですが、もし熱力学の第二法則が正しいとすれば、この宇宙に150億年足らずの期間に生物が出現しそれが進化する確率は限りなく0《ゼロ》に近く、論理的に考えれば起こり得ないことだと言えます。熱力学の第二法則とネオ・ダーウィニズムが矛盾するとなれば、ではどちらが間違っているのでしょうか？　先に述べたように、ニュートン力学から考えて熱力学の第二法則は明らかに間違っています。それではダーウィニズムあるいはネオ・ダーウィニズムは正しいのでしょうか？　結論を言いますと、ダーウィニズムやネオ・ダーウィニズムは完全に間違っているわけではありませんが、ダーウィニズムには目的論が含まれているため理神論者が用いる意味での科学理論ではありません。〝自然選択〟

という用語は進化のメカニズムを説明しているわけではなく、選択が自然に起きる、つまり進化は自然のプロセスであると言っているに過ぎません。また偶然に起きる変異と自然選択だけでは進化を説明することはできません。定向進化説やインテリジェント・デザイン（知的設計論）といった目的論的説明がどうしても必要になるのです。拙著『汎神論が世界を救う』でも引用しましたが、再度『産経新聞』の「正論」欄に掲載された村上和雄によるコラム「再び接近し始めた『科学』と『宗教』」から引用しておきます。


ヒトのゲノム（全遺伝子情報）は、わずか四つの塩基で構成され、この塩基のペアが約三十億個連なっている。塩基の配列が偶然のものとするなら、私たち一人一人は、四の三十億乗分の一という奇跡的な確率で生まれてきたことになる。

そのようなことは、今の科学の常識ではあり得ない。細胞一個、偶然にできる確率は、一億円の宝くじを百万回連続して当選したのと同じようなものである。

このような確率から考えたとき、私は知的設計論者の意見に近い。しかし、私の考えるサムシング・グレートは、単なるデザインの問題ではない。最初に生物を創ろうとする大自然の意志のようなものがあり、それに沿ってデザインがなされ、さらにいまなお一刻の休みもなく働き続けている、全生物の親のような存在と働きをサムシング・グレートと名付けている。

9　おわりに

ニュートンは「私は真理という大海の波打ち際で遊ぶ子供にすぎない」と述べて、ニュートン力学構築という彼の偉業を謙虚に振り返っています。それに対して、ラプラスはナポレオン皇帝に「陛下、私には神という仮説は無用なのです」と答えることによって、アインシュタインは「世界について最も理解ができないことは、世界が理解できるということだ」と述べることによって、彼らが神に依らずとも自分たちの理性だけで真理に到達できるという不遜な考えを持っていることを示しました。つまりニュートンは汎神論者であり、あとの二人は理神論者であったわけです。では、どちらの世界観が正しかったのでしょうか？　実は、量子力学の出現によってこの質問にはすでに答えが出ています。ハイゼンベルク（１９０１－１９７６）の「不確定性原理」によってラプラスの悪魔が存在しえないことが示されましたし、ファインマンが「量子力学を使える者はいても、量子力学を理解している者はいない」と断言したように、量子力学は理解不能であり従ってこの世界も理解不能なのです。すなわち、この世界は「理神論の世界」つまり「神秘《オカルト》など存在しない理解可能な世界」ではなかったのです。理神論が間違っているならば、「この世界に神が存在する」ということになります。そうすると、神は被造物ではあり得ないわけですから、「神即《すなわち》この世界は自己原因として存在している」が結論づけられるわけです。つまり汎神論が正しいのです。

では汎神論が正しいことを示す証拠などあるのでしょうか？　物理学的証拠はいくつもあります。まずこの宇宙が存在していること、絶対空間や絶対時間そして絶対温度が存在していること、万有引力や量子もつれといった遠隔作用が存在していること、そしてニュートン力学や量子力学がみごとに機能していることなどです。さらには宇宙の全存在の70%がダークエネルギー、26%がダークマターであり、宇宙の全存在の実に96%が目に見えない神秘的存在つまりオカルトであることもその証拠であると言ってもいいでしょう。第8章で述べたように生命の発生、生物の進化、意識などについても、「どのようになっているのか」を科学は少しばかり明らかにしてきましたが、肝腎な所はまだ何も分かっていないのです。つまり生命現象の大部分はいまだに神秘のベールに包まれたままなのです。

この世界が汎神論の世界であることを示す証拠がこんなにも溢れているにもかかわらず、近代社会が汎神論を否定してきたのはなぜでしょうか？　それは、この世界が実は汎神論の世界である、つまり「自然即《すなわち》神」であるという真実を覆い隠したい勢力が、近代社会を牛耳ってきたからなのです。彼らは、熱力学の第二法則、ダーウィニズムそして相対論といった似非《えせ》科学を学界や社会に流布、浸透させることによって、現在も人々を騙し続けています。この洗脳を解くには、ただ「世界は神秘に満ちている」ことに気づきさえすればよいのです。あとは「おかげさま」「いただきます」「おたがいさま」「おだいじに」と感謝、相互扶助、共生、労わりの気持ちを絶やさずに生きればいいだけです。つまり、チャールズ・ディケンズの小説『クリスマス・キャロル』が伝えてくれているメッセージ、「今からでも遅くはありません、人々の幸せに手を貸すこと、奉仕、慈悲、忍耐、博愛――を仕事にしてごらんなさい。そうすると愛に満ちた素敵な人生が手に入ります。そのうえ死後には永遠の幸福が待っているのです。失うものは何もありません」を心に刻んで生きれば良いということです。

補　記

第2章にも書きましたが、拙著『素人だからこそ解る「相対論」の間違い「集合論」の間違い』の補記に書いた以下の部分は、筆者が完全に間違っておりました。お詫び申し上げるとともに、この部分を撤回させていただきます。

さてこのように月は確かに公転していますが、では月は自転しているでしょうか？　成書には月をはじめほとんど全ての衛星は公転周期と自転周期が同期しており一公転で一自転していると記載されています。しかしニュートン力学からすればこれは明らかに間違っています。自転というのはある天体がそれ自身の重心を中心として絶対空間に対して角運動量を持っていることを意味します。ところが月をはじめほとんどすべての衛星は親惑星に対してほとんど同じ面を向けたまま公転しているのです。公転の角運動量は持っているが自転の角運動量はゼロであるこのような衛星は、ニュートン力学の定義からすれば自転はしていないということになります。このことはスケート競技におけるスピンとリンクの周回の違いを考えればよく分かります。つまりフィギュアスケートの選手はスピンもしますが、スピードスケートの選手は1回転もスピンはしないわけです。月をはじめすべての衛星は誕生時にはおそらく自転していたのでしょうが、親惑星の引力に起因する潮汐力が自転に対するブレーキとなって、ついには自転が止まってしまったものと思われます。では月の自転の角運動エネルギーはどこへ消えたのでしょうか？ それは月の形状を西洋梨形に変形させたり内部構造を偏らせたりするのに使われたり、あるいは熱エネルギーとして失われたものと思われます。ところで月はその西洋梨形の中心軸の底面側を地球に向けていますがその中心軸は地球に向かって少し傾きを持っており、その傾きは公転周期と同期して地球に向かって一周する歳差《さいさ》運動（みそすり運動、すりこぎ運動）をしています。この運動は月の秤動《ひょうどう》と呼ばれていますが、自転する天体やコマの歳差が自転軸の絶対空間に対する歳差であるのに対して、自転しない月のこの秤動は地球と月を結ぶ軸に対する月の中心軸の歳差なのです。月の表面ではうさぎが餅つきをしていますが、お月様自身は餅つきではなく味噌すりをしていたのです。

今読み返してみれば、おのれの勘違いの稚拙さに汗顔の思いがします。自転というのは絶対空間に対して角運動量を持っていることであるとしておきながら、一公転で絶対空間に対して一回転している月がまったく自転していないなどと断ずるのはまさに矛盾そのものでした。さらにそのことに二年余りの間気づかなかったとは本当にお恥ずかしい限りです。ちなみに、この部分を訂正するとすれば次のようになります。

さてこのように月は確かに公転していますが、では月は自転しているでしょうか？　成書に記載されている通り、月をはじめほとんど全ての衛星は公転周期と自転周期が同期しており一公転で一自転しています。ニュートン力学からすれば、自転というのはある天体がそれ自身の重心を中心として絶対空間に対して角運動量を持っていることを意味します。月をはじめほとんどすべての衛星は親惑星に対してほとんど同じ面を向けたまま公転しています。公転の角運動量を持っているとともに、同じ周期の自転の角運動量も持っているわけですから、ニュートン力学の定義からすれば一公転で一自転しているということになるわけです。おそらく月をはじめ多くの衛星は誕生時には自転周期は公転周期と一致していなかったものと思われますが、親惑星の引力に起因する潮汐力の作用によって、ついには自転周期が公転周期と同期してしまったのでしょう。では月の自転回数が変化した分の角運動エネルギーはどこへ消えたのでしょうか？　それは月の形状を西洋梨形に変形させたり、内部構造を偏らせたりするのに使われたり、あるいは熱エネルギーとして失われたものと思われます。ところで月の自転軸は月の公転面に対して正確に垂直ではなく少し傾きを持っているようです。そのため、月が絶対空間に対する真の歳差《さいさ》運動（みそすり運動、すりこぎ運動）をしているわけではないのに、地球から見ると月が一公転で一周する歳差運動をしているかのように映ります。その結果、月が常に地球に向けているウサギの餅つきの図柄も、この見かけ上の歳差運動に伴って、その地球に向く角度が月の公転周期と同期して変化します。この運動は月の秤動《ひょうどう》と呼ばれていますが、自転する天体やコマの歳差が自転軸の絶対空間に対する真の歳差であるのに対して、月のこの秤動は地球に対する月の見かけ上の歳差に起因するものなのです。

さて、同じく第2章において、「ニュートン力学においては、重力は瞬時に伝わる遠隔作用であると考えますので、太陽が瞬時に消滅するというあり得ないことがでももし仮に起こったとするならば、その瞬間に地球は直進しはじめるだろうと予測します」と書きました。ではその時の地球の直進速度vはどれくらいでしょうか？　ハンマー投げのハンマーの初速度から類推して、その地球の直進速度vは地球の公転速度（約30㎞／秒）と同じであろうことはすぐにわかります。それこそニュートン力学の運動の第1法則つまり運動量保存則が示すところです。独楽《こま》や「ニュートンのバケツ」の例でニュートンが示したように、円軌道（正確には楕円軌道）を周回する惑星の公転速度は、太陽系（Solar System）の重心を原点として他の恒星に対して回転しない（つまり絶対空間に対して回転しない）座標系Sに対する相対速度です。したがって直進し始めた地球の速度もこの座標系に対する相対速度ということになります。ハンマー投げのハンマーの速度は静止した地面に対する相対速度ですし、銀河系（Milky Way）内の太陽などの恒星の速度は銀河中心を原点として他の銀河に対して回転しない座標系Mに対する相対速度です。それに対して銀河系の外からやってくる光子、ニュートリノや陽子の速度はCMB静止座標系つまり絶対空間に対する絶対速度なのです。座標系Sも座標系Mもともに自由落下系であり、それぞれ近似的慣性系ではありますが、座標系Sは座標系Mに対して等速直線運動をしているわけではなく、両系の間で相対性原理は成立しません。つまりこの世界において相対性原理が成り立つような慣性系など一つも存在せず、従って相対性原理を前提とする特殊相対性理論は全く間違っているのです。

引用文献

デスパーニア『現代物理学にとって実在とは何か』柳瀬睦男／丹治信春訳　培風館

チャールズ・ディケンズ『クリスマス・キャロル』村岡花子訳　新潮文庫

四王天延孝『ユダヤ思想及運動』心交社

日下公人／馬渕睦夫『ようやく「日本の世紀」がやってきた』ワック

ユースタス・マリンズ『真のユダヤ史』天童竺丸訳・解説　成甲書房

マルチン・ルター『ユダヤ人と彼らの嘘』I・B・プラナイティス『仮面を剥がされたタルムード』太田龍解説　歴史修正研究所監訳　雷韻出版

安江仙弘『猶太の人々』軍人会館事業部（復刻版『ユダヤの人々』ともはつよし社）

天野統康『世界を騙し続けた［詐欺］経済学原論』ヒカルランド

福井義高『日本人が知らない最先端の「世界史」』祥伝社

ジェイソン・モーガン『アメリカはなぜ日本を見下すのか？』ワニブックス

加瀬英明／藤井厳喜／稲村公望／茂木弘道『日米戦争を起こしたのは誰か』勉誠出版

鈴木秀子『臨死体験　生命《いのち》の響《ひび》き』大和書房

竹内外史『集合とはなにか』講談社ブルーバックス

村上和雄「再び接近し始めた『科学』と『宗教』」『産経新聞』平成一八年三月一日朝刊「正論」欄

西田幾多郎「善の研究」青空文庫
西田幾多郎「デカルト哲学について」青空文庫
チャールズ・ディケンズ「クリスマス・カロル」青空文庫

革島　定雄（かわしま　さだお）

1949年大阪生まれ。医師。京都の洛星中高等学校に学ぶ。1974年京都大学医学部を卒業し第一外科学教室に入局。1984年同大学院博士課程単位取得。1988年革島病院副院長となり現在に至る。

【著書】
『素人だからこそ解る 「相対論」の間違い「集合論」の間違い』（東京図書出版）
『理神論の終焉 ――「エントロピー」のまぼろし』（東京図書出版）
『汎神論が世界を救う ―― 近代を超えて』（東京図書出版）
『死後の世界は存在する』（東京図書出版）
『重力波捏造　理神論最後のあがき』（東京図書出版）

世界は神秘に満ちている
―― だが社会は欺瞞に満ちている

2017年8月15日　初版第1刷発行

著　者　革 島 定 雄
発行者　中 田 典 昭
発行所　東京図書出版
発売元　株式会社 リフレ出版
〒113-0021　東京都文京区本駒込 3-10-4
電話 (03)3823-9171　FAX 0120-41-8080
印　刷　株式会社 ブレイン

© Sadao Kawashima
ISBN978-4-86641-078-4 C0040
Printed in Japan 2017
落丁・乱丁はお取替えいたします。

ご意見、ご感想をお寄せ下さい。

［宛先］〒113-0021　東京都文京区本駒込 3-10-4
東京図書出版